东北虎豹国家公园
陆生野生动物图鉴

主编 赵 俊

吉林科学技术出版社
·长春·

《东北虎豹国家公园陆生野生动物图鉴》编委会

主　编　赵　俊

编　委（按姓氏笔画排序）

王　巍　王凤翔　王志刚　王佰平　孔维尧　付明千　孙志国　孙国安　李　平
李子木　吴林锡　张春雷　陈晓才　单　硕　郑富兴　赵李想　胡玉飞　姜宇飞
姜洪波　姜翔宇　高延民　郭华兵　袁　曦　崔文章　梁　启

专家委员　王海涛　姜广顺　赵文阁

摄　影（按姓氏笔画排序）

丁彩霞　于国海　马立明　王　强　王聿凡　王延令　王勇刚　王俊忠　车玉方
申文连　白学维　皮忠庆　伊　超　关　克　关　键　许　明　朴正吉　朴龙国
刘忠德　江廷磊　宋占明　孙晓明　吴剑峰　杨晓涛　杨明杰　陈保利　陈冯晓
陈夏富　李溪洪　李维东　李连山　李圣刚　谷国强　谷宝臣　张　鹏　张德松
张荣杰　张国强　肖　智　金　跃　武耀祥　周树林　神　鹰　赵文阁　赵　俊
项允丛　姚　毅　姜　权　徐晓鹏　陶清华　郭东革　常东明　黄玉华　谢建国
程　萍

作者简介

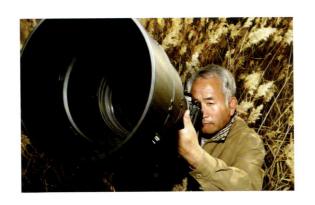

赵 俊

  1961年6月23日出生。野生动物保护正高级工程师、中国摄影家协会会员。曾任吉林向海国家级自然保护区管理局局长、通榆县人民政府副县长、吉林省林业勘察设计研究院党委书记、吉林省林业自然保护区发展促进中心主任，2019年5月9日任吉林省野生动植物保护协会秘书长。从事吉林省生态保护工作三十年，出版《天生向海》《家在向海》《鸿雁捎书》《绿美吉林》《中国东北虎豹实录》等生态科普丛书。先后编导制作了《故园守望》《生生不息 美美与共》《将忠诚写在长白山上》《生态瑰宝 大美吉林》等二十余部生态纪录片。获得第二届"绿水青山·美丽中国"全国短视频大赛最佳故事奖，"健康的湿地 健康的人类"科普摄影展一等奖，第四届关注森林文化艺术奖一等奖，第二届中国绿化博览会摄影作品展银奖等多项荣誉。

前　言

从 1872 年美国设立全球第一个国家公园到 2022 年中国提出建设全球最大的国家公园体系，国家公园已经成为全球 200 多个国家和地区开展自然保护和实现人类福祉最为重要的模式之一。

2021 年，中国正式设立第一批国家公园，旨在将自然生态系统最重要、自然遗产最精华、自然景观最独特、生物多样性最密集的区域，以国家公园体系下最为严格的保护措施，实现全民共享和世代传承。

东北虎、东北豹是我国具有世界保护意义的珍稀濒危动物，是生物多样性保护的旗舰物种，温带森林生态系统健康的标志，具有极高的保护价值和生物学意义。东北虎豹国家公园作为首批设立的国家公园之一，遵循"保护第一、国家代表性、全民公益性"的国家公园理念，努力促进人与自然和谐共生，实现自然资源世代传承，为我国东北虎、东北豹回归并走出濒危状态带来了希望。

东北虎豹国家公园位于我国 34 个生物多样性保护优先区之一的长白山地区，物种多样性丰富，保留着东北温带森林最为完整、最为典型的野生动物种群，蕴藏着丰富多样的遗传基因，是中国境内东北虎、东北豹生物链最完整和栖息地质量最好的区域，也是我国境内唯一具有野生东北虎、东北豹繁殖家族的区域，拥有我国最大的东北虎、东北豹野生种群。

园区良好的自然生态系统养育和庇护着完整的野生动物群系，分布着野生脊椎动物 36 目 96 科 399 种，从大型到中小型兽类构成完整的食物链和食物网，为东北虎、东北豹种群发展和壮大奠定了良好基础。

全书收录了东北虎豹国家公园内 352 种陆生野生动物，涵盖了吉林、黑龙江省区域，重点展示了其种群状况、生活习性、迁徙过程以及中国国家公园的独特魅力和设立以来保护工作所取得的成绩。该书是目前收录东北虎豹国家公园陆生物种数量最多，展示多样性最为全面系统的科普书籍。该书的出版将为东北虎豹国家公园物种多样性保护管理提供重要支撑，对推动东北虎豹国家公园野生动物保护事业发展具有重要意义。

国家公园作为中国最重要的自然生态空间，是最有价值的自然资产，是国之重器。愿本书可以将你与东北虎豹国家公园联结，与自然的生命联结，共建万物和谐的美丽中国。

东北虎豹国家公园管理局

2023.7

序　言

　　建设以国家公园为主体的自然保护地体系，是生态文明和美丽中国建设的重大制度创新，是一项伟大事业，我有幸能成为这项伟大事业的参与者、实践者，深感自豪。东北虎豹国家公园，是习近平总书记 2021 年 10 月 12 日在《生物多样性公约》第十五次缔约方大会领导人峰会上宣布正式设立的首批国家公园之一，是唯一由中央政府直接管理的国家公园，具有极高的生态意义和国际地位。国家公园规划建设之前，在中国科学院的支持下，我曾在珲春组织开展东北虎豹种群数量非损伤遗传学调查方法研究，成功利用其粪便和毛发 DNA 进行了物种及个体识别，并组织中俄科学家论坛，呼吁加快实施跨国境保护。作为一直都在关注东北虎豹国家公园发展建设的一员，今天能为《东北虎豹国家公园陆生野生动物图鉴》写几句话，备感欣慰。

　　东北虎豹国家公园从 2017 年试点以来，以维持自然生态系统原真性和完整性，保护生物多样性，保护生态安全屏障，给子孙后代留下珍贵的自然资产为目标，实行严格保护，采取分区管控、差别化保护措施，多方合作，精准施策，不断提高保护自然生态的积极性、协同性和实效性。开展中俄跨境保护合作，畅通虎豹跨境通道，实现了野生东北虎、东北豹从跨境游走觅食到境内定居繁殖扩散的转变。园区野生东北虎幼崽存活率从试点前的 33% 提升为 50% 以上，野生东北虎、东北豹数量也由试点之初的 27 只和 42 只分别增长为 50 只和 60 只以上，为全球生物多样性保护做出了积极贡献。

　　地球是全人类赖以生存的唯一家园，保护自然就是保护人类，建设生态文明就是造福人类。中国在建设人与自然和谐共生的现代化进程中，始终坚持站在对人类文明负责、为子孙后代负责的高度，与世界携手共筑生态文明之基，共走绿色发展之路，共建地球生命共同体，积极构建人与自然和谐共生、经济与环境协同共进、世界各国共同发展的地球家园。东北虎豹国家公园的设立正是落实这一行动的重要体现。

　　《东北虎豹国家公园陆生野生动物图鉴》是东北虎豹国家公园正式设立以来，第一本较为全面地总结园区陆生野生动物的图鉴，记录了大量的珍贵影像。每幅动物照片的生动展现，都蕴含着背后保护者们的辛勤付出，它们的展翅和奔跑，是对国家公园建立的最大回馈。此图鉴，大胆创新，注重探索，用一种新的情感传达了建立中国特色国家公园体制取得的重大进展，不仅具有较高的学术价值、研究价值，也具有珍贵的收藏价值。我喜欢研究野生动物，对此图鉴甚是喜爱，希望这本图鉴能让更多的人了解东北虎豹国家公园，爱上东北虎豹国家公园，进而一起建设东北虎豹国家公园。

中国科学院院士　江西农业大学校长

2023.7

目录 Contents

两栖纲Amphibia

爬行纲Reptilia

鸟纲Aves

哺乳纲Mammalia

两栖纲 Amphibia

　　两栖纲是由水生向陆生过渡的动物类群，既有从鱼类继承下来适应于水生的性状，又有新生的适应于陆栖的性状。两栖类动物发育周期有一个变态过程，即以鳃呼吸生活于水中的幼体，在短期内完成变态，成为以肺呼吸能营陆地生活的成体。

东北小鲵 *Hynobius leechii*
国家二级保护野生动物

分类地位： 有尾目　小鲵科

形态特征： 头扁平椭圆形，尾侧扁，末端钝圆，眼大，不甚突出。背部呈暗灰色有暗灰色包，体腹面浅灰褐色或污白色。

生态习性： 一般在溪流两岸山坡的枯枝落叶层、乱石中、倒木下或草丛中活动和觅食。一般营陆地生活（繁殖期除外），昼伏夜出，有冬眠习性，捕食多种昆虫的成虫和幼虫。

极北鲵 *Salamandrella keyserlingii*
国家二级保护野生动物

分类地位： 有尾目　小鲵科

形态特征： 背部青褐色，背正中部分橄榄色，中央有黑色带状斑纹。周身皮肤光滑；头顶有一凹痕；自眼后角到颞部有一浅沟，在口角后方分支，略向下弯；颈褶清晰。

生态习性： 极北鲵堪称"活化石"，是距今有2亿3千万年进化史的古珍稀动物，也是小鲵科分布最北部的种类。栖居环境潮湿，多在沼泽地的草丛中或洞穴中。黄昏或雨后外出觅食，以昆虫、蚯蚓、软体动物、泥鳅等为食。

东方铃蟾 *Bombina orientalis*

分类地位： 无尾目　铃蟾科

形态特征： 头扁平，吻圆，前、后肢短，皮肤粗糙，体表满布大小不等的刺，刺黑色，背部呈灰棕色，或背为绿色杂以不规则的黑色斑点，腹面有花斑，为黑色与朱红色或橘黄色。雄性前肢较粗壮，前臂内侧、内掌突起，且内侧3指基部有黑色细刺，无声囊和雄性线。雄性趾间为全蹼，雌性的蹼缺刻较深。

生态习性： 主要栖息在山溪的石下、草丛、路边，半山坡上的小水坑、石头坑等处，多选择有水洼的环境作为栖息位点。

花背蟾蜍　*Strauchbufo raddei*

分类地位：　无尾目　蟾蜍科

形态特征：　头宽大，吻端圆。前肢粗短，指细。雄蟾皮
　　　　　　　肤粗糙，背部密布大小疣粒，疣上有许多棕
　　　　　　　褐色或深褐色小刺；雌蟾背部疣粒细疏较平
　　　　　　　滑。生活时雄性背部多为橄榄黄或灰黄色，
　　　　　　　雌性则为灰绿或浅绿色。

生态习性：　栖息活动于林间草地、树根下、石缝间等各
　　　　　　　种生境。白天多匿居在草丛中、石下或土穴
　　　　　　　中，黄昏时在作物草丛中觅食。

中华蟾蜍　*Bufo gargarizans*

分类地位：　无尾目　蟾蜍科

形态特征：　头宽大，口阔，吻端圆，吻棱显著；舌分
　　　　　　　叉；口内无犁骨齿，上下颌亦无齿；皮肤粗
　　　　　　　糙，全身布满大小不等的圆形瘰疣，头顶部
　　　　　　　两侧有一对大而发达的耳后腺。雄性背部
　　　　　　　多呈橄榄黄色，有不规则的花斑，疣粒上
　　　　　　　有红点。

生态习性：　喜湿、喜暗、喜暖。白天栖息于河边、草
　　　　　　　丛、砖石孔等阴暗潮湿的地方，傍晚到清晨
　　　　　　　常在塘边、沟沿、河岸、路旁或房屋周围觅
　　　　　　　食。主要以蜗牛、蛞蝓、蚂蚁、蚊子、蝗
　　　　　　　虫、土蚕、金龟子、蝼蛄、蝇蛹及多种有趋
　　　　　　　光性的蛾蝶为食。

东北雨蛙 *Hyla ussuriensis*

分类地位： 无尾目　雨蛙科
形态特征： 背部翠绿色或有斑纹，体侧及腹面呈白色，背部、体侧及四肢背部均无任何斑点或深色斑纹。
生态习性： 常栖息于水塘等静水域及其附近。白天伏在树根附近的石缝或洞穴内，夜晚栖息在灌木上。以昆虫为食，捕食蚁类、椿象、象鼻虫、金龟子等。

黑斑侧褶蛙 *Pelophylax nigromaculatus*

分类地位：　无尾目　蛙科
形态特征：　雄蛙体较小；前臂较粗壮，第一指内侧的婚垫发达；有一对颈侧
　　　　　　　外声囊；背侧及腹侧都有雄性线，背侧褶较粗。
生态习性：　生活在丘陵、山区，常见于水田、池塘、湖泽、水沟等静水或水
　　　　　　　流缓慢的河流附近。

东北粗皮蛙 *Rugosa emeljanovi*

分类地位：　无尾目　蛙科
形态特征：　雄蛙体形较小；前肢粗壮，第一指内侧有灰色婚垫；有一对咽侧
　　　　　　　内声囊，声囊孔小；体背侧有雄性线。
生态习性：　常见于水田、流水缓慢的河流及水渠岸边。白天隐藏在水塘边的
　　　　　　　石隙下和水底水草间；夜晚出现在水域岸边，水稻田边捕食。以
　　　　　　　鳞翅目、鞘翅目、同翅目、膜翅目等昆虫为食。

黑龙江林蛙 *Rana amurensis*

分类地位：　无尾目　蛙科
形态特征：　成体头较扁平，吻端钝圆而略尖，眼大小适中；前肢短而粗壮，
　　　　　　　后肢较短；皮肤粗糙。雄蛙背部及体侧一般为灰棕色微带绿色，
　　　　　　　有的为褐灰色或棕黑色；雌蛙多为红棕色或棕黄色。
生态习性：　习居于平原及较开阔地带的水塘、水坑、沼泽、水沟和稻田等静
　　　　　　　水域及其附近，分布于海拔50~650m的地区。

东北林蛙 *Rana dybowskii*

分类地位：　无尾目　蛙科
形态特征：　头较扁平，头长宽相等或略宽，鼻孔位于吻眼之间，背侧
　　　　　　　褶在鼓膜上方呈曲折状。
生态习性：　生活在山区植被较好的湿润环境中，在森林、灌丛、草
　　　　　　　地，以及湖泊、水塘、沼泽和农田等多种静水水域及其附近
　　　　　　　都有它的踪迹。主要捕食鞘翅目、直翅目、同翅目、双翅
　　　　　　　目、膜翅目和半翅目等各类昆虫，其次也食蚯蚓、蜘蛛及
　　　　　　　软体动物等。

北方狭口蛙 *Kaloula borealis*

分类地位： 无尾目　姬蛙科

形态特征： 头的宽度大于长度，口狭小，吻短而圆，鼓膜不明显；前肢细，后肢粗，蹼不发达；皮肤光滑，背部呈橄榄棕色，常有不规则的黑色斑点或花纹，腹部肉色。

生态习性： 栖息于海拔50~1200m的平原和山区，常选择水坑附近的草丛中或土穴内或石下作为栖息位点。主要捕食鞘翅目、双翅目、膜翅目昆虫，也食树根以及植物的花、叶等。

爬行纲 Reptilia

爬行纲动物由石炭纪末期的古代两栖类进化而来，不仅在身体结构上进一步适应陆地生活，其繁殖也脱离了水的束缚，是真正适应陆栖生活的变温脊椎动物，并由此进化出恒温的鸟类和哺乳类。爬行类四肢从体侧横出，不便直立，体腹常着地面，行动是典型的爬行，只有少数敏捷的爬行动物能疾速行进。爬行动物和两栖动物一样，没有完善的体温调节功能，无法维持恒定体温。

中华鳖 *Pelodiscus sinensis*

分类地位： 龟鳖目　鳖科
形态特征： 体躯扁平，通体被柔软的革质皮肤，无角质盾片。头部粗大，吻端延长呈管状。背甲暗绿色或黄褐色，周边为肥厚的结缔组织，俗称"裙边"。前后肢各有5趾，趾间有蹼。
生态习性： 生活于江河、湖沼、池塘、水库等水流平缓、鱼虾繁生的淡水域，也常出没于大山溪中。喜食鱼、虾、昆虫等，也食水草、谷类等植物性食物，耐饥饿。

乌苏里蝮 *Gloydius ussuriensis*

分类地位： 有鳞目　蝰科
形态特征： 头三角形，不宽扁，颈明显，个体较细小，尾较短。背部呈黑褐色或棕红色。
生态习性： 剧毒蛇，多生活在山地、丘陵、林缘、草丛、灌丛、沟边、田野、塘边等处，出入蛰时，以乱石堆中多见。以食鼠和蛙为主，亦食鱼、泥鳅，偶食蜥蜴和蛇。卵胎生。

中介蝮 *Gloydius intermedius*

分类地位： 有鳞目　蝰科
形态特征： 体形较粗壮，成体全长约40~80cm。体底色多为乳白色至浅沙黄色，有两列黄褐色圆形斑，部分个体斑块形状不规则，斑块边缘呈锯齿状或细碎状。
生态习性： 剧毒蛇，喜好石山山麓的阳坡，也见于森林边缘，溪流沿岸，倒地的树干和枯枝间。卵胎生，主要以鼠类为食。

极北蝰 *Vipera berus*
国家二级保护野生动物

分类地位： 有鳞目　蝰科
形态特征： 头略呈三角形，与颈明显有别，吻钝圆，躯干较粗，尾较短，背部灰色或橄榄黄色，沿背脊有一波状或锯齿形浅黑色纵带纹，尾末端通常为黄色，上唇鳞带白色或浅黄色，鼻孔较大。
生态习性： 剧毒蛇，多生活于温带、寒带的林区和草原草甸区，以树根洞穴中或石块下为其隐蔽场所。卵胎生，食物以啮齿动物为主，间或吃蛙、蜥蜴等；幼蛇则以昆虫及蠕虫为主要食物。

白条草蜥　*Takydromus wolteri*

分类地位：　有鳞目　蜥蜴科
形态特征：　体形圆长而稍扁平。白条草蜥体色变化较大，灰褐色、淡灰色、土黄色、棕灰色或黑褐色；腹部灰白色，体侧左右各有1条较狭的白色纵纹。
生态习性：　多栖息在荒山灌丛、杂木林边缘、山坡、田地等处。善于攀草爬树，常在草或树上捕食。食性较广，以蛾类、蜘蛛、蜗牛、蝗虫等昆虫的幼虫为食。

黑龙江草蜥　*Takydromus amurensis*

分类地位：　有鳞目　蜥蜴科
形态特征：　体形圆长而略扁平，尾长为头体长的2倍以上。体背棕褐色，体侧黑褐色，腹部近灰白色。体侧有两条明显的波齿状花纹，从颈后一直延伸至尾端。
生态习性：　栖居在山林边缘、荒山坡、草丛间、路边等处，也常见于农田地，偶在树上寻食或静卧。食性较广，食量大，捕食大部分昆虫的幼虫或成虫，可以上树进行捕猎。

丽斑麻蜥　*Eremias argus*

分类地位：　有鳞目　蜥蜴科
形态特征：　体圆长而略扁平，尾圆长，头略扁平而宽，前端稍圆钝。背部呈棕灰夹青、棕绿、棕褐、黑灰等颜色，头顶棕灰色，头颈侧有三条黑镶黄色长纹。
生态习性：　栖息于平原、丘陵、草原、低山和农区等环境，喜选择温暖、干燥、阳光充足的沙土环境作为栖息位点。食性广泛，食物包括昆虫纲、蛛形纲、甲壳纲、多足纲、寡毛纲等动物。

白条锦蛇 *Elaphe dione*

分类地位： 有鳞目　游蛇科

形态特征： 头略呈椭圆形，体尾较细长，全长1m左右。吻鳞略呈五边形，宽大于高，从背部可见其上缘；鼻孔大，呈圆形；背部呈苍灰、灰棕或棕黄色。因在背部深褐色背景上显出浅色纵纹，故名"白条"锦蛇。

生态习性： 生活于平原、丘陵或山区、草原，栖于田野、草坡、林间、河边及近旁。主要捕食蜥蜴、鼠类、小鸟和鸟卵，也有捕食蛙类、昆虫的记录。

赤链蛇 *Lycodon rufozonatus*

分类地位： 有鳞目　游蛇科

形态特征： 吻较前突且宽圆。头较宽且甚扁，可与颈区分。颊鳞1枚，细长。头背黑褐色，鳞沟红色，枕部具倒"∨"形红色斑。

生态习性： 栖息于沿海、沿江、沿湖，海拔低于1800m的平原、丘陵，山区的田野和村舍附近。食性极为广泛，有鱼类、蛙类、蜥蜴、小型哺乳动物、蛇类、鸟类等。野生个体性情较凶猛。有毒腺，无毒牙，尚无致人死亡报道。

东亚腹链蛇 *Hebius vibakari*

分类地位： 有鳞目　游蛇科

形态特征： 眼后有一条白色条纹，向后延伸至枕侧。

生态习性： 栖息于阔叶林、针阔混交林坡地的穴居蛇类，喜好在落叶、石头、树根、灌木旁活动。主要以小型鱼类、两栖类以及一些蠕虫为食。

棕黑锦蛇 *Elaphe schrenckii*

分类地位： 有鳞目　游蛇科

形态特征： 体形粗大长圆。头背青黑色，自眼后至口角具黑色纹；体背前段棕黄色，向后逐渐变棕褐色，自颈部以后具灰黄至土黄色横斑；后段至尾背横斑明显、横斑斜向排列，在两侧做不规则分叉，以至前后斑相连。

生态习性： 活动于平原、山区的林边、草丛、耕地，亦到人的住宅附近甚至进入屋内。是东北地区体形最大的爬行动物，性情比较温和，不受威胁时，一般不咬人。

黄脊东方蛇 *Orientocoluber spinalis*

分类地位： 有鳞目 游蛇科

形态特征： 头较长。眼大，瞳孔圆形。背部呈红棕色；脊部有一约3枚鳞宽、镶黑边的黄色脊线，其前端伸延到额鳞；腹面及上唇黄色。为无毒蛇。

生态习性： 生活在低海拔地区的水域附近或山坡树林中。蛇体细长，爬行迅速。性驯善，通常不咬人。为昼行性种类，有时夜间亦活动。吃麻蜥等蜥蜴类动物。

红纹滞卵蛇 *Oocatochus rufodorsatus*

分类地位： 有鳞目 游蛇科

形态特征： 头体背部棕褐色或淡红色，头背有3条"∨"形棕褐色或橙黄色斑纹；体背前段有4条由镶棕黑色边的红褐点连接而成的棕黑色纵纹。

生态习性： 生活于海拔1000m以下的平原、丘陵地带，为半水栖蛇类，卵胎生。多栖息于河滨、溪流、湖畔、池塘及其附近田野、坟堆、屋边菜地或水沟内。食鱼类、蛙类、螺类及水生昆虫。

虎斑颈槽蛇 *Rhabdophis tigrinus*

分类地位： 有鳞目 游蛇科

形态特征： 体形中等偏小，头椭圆形，与颈区分明显。颈背正中两行背鳞间具1个纵行浅凹槽。体侧斑纹两色间隔。

生态习性： 栖息于山地、农田、林地边缘等环境。以鱼类、蛙类、蟾蜍等为食，性情较为温顺，除被人类伸手捕捉，否则很少伤人。受到惊扰时常体前段膨扁且竖起。有毒腺，无毒牙，毒液可致人或其他动物死亡。

鸟纲 Aves

  鸟纲物种由爬行动物进化而来，通称为鸟类较一致的看法是，鸟类的直接祖先是一种小型恐龙，经进一步演化为原始鸟类，最终演变为新鸟类。鸟类体被羽毛，有翼，恒温，卵生。鸟类是适应飞行生活的动物类群，前肢进化成翅膀，骨骼中空，胸部进化出龙骨突结构以附着强大的控制飞行的肌肉，有辅助呼吸的气囊，体温较高，可维持高水平新陈代谢，为飞行提供充足的能量。

花尾榛鸡 *Tetrastes bonasia*
国家二级保护野生动物

分类地位： 鸡形目　松鸡科
形态特征： 体长36cm。具明显冠羽，喉黑而带白色宽边。上体烟灰褐色，蠹斑密布。两翼杂黑褐色；肩羽及翼上覆羽羽缘白色成条带，尾羽近褐，外侧尾羽带黑色次端斑而端白。下体皮黄，羽中部位带棕色及黑色月牙形点斑。两胁具棕色鳞状斑。红色的肉质眉垂不明显。虹膜深褐，嘴黑色，脚角质色。
生态习性： 喜近溪流的稠密桦树及蒙古栎林。
留居类型： 留鸟

斑翅山鹑 *Perdix dauurica*

分类地位： 鸡形目　雉科
形态特征： 体长27cm。体有棕褐杂色斑块；雄鸟胸前有大黑斑，翅有白纹，上胸与后颈蓝灰并具蓝色细纹，下胸棕黄，腹下棕白，胸部中央有黑色马蹄状块斑。虹膜棕色，嘴近黄，脚黄色。
生态习性： 栖息于山地，以植物种子、嫩芽和甲虫等为食。
留居类型： 留鸟

鹌鹑　*Coturnix japonica*

分类地位： 鸡形目　雉科
形态特征： 体长18cm。体小而滚圆，褐色带明显的草黄色矛状条纹及不规则斑纹，雄雌两性上体均具红褐色及黑色横纹。雄鸟颏深褐，喉中线向两侧上弯至耳羽，紧贴皮黄色项圈。皮黄色眉纹与褐色头顶及贯眼纹成明显对照。雌鸟亦有相似图纹但对照不甚明显。
生态习性： 栖息于河滩草地，或耕地及低矮山坡，以谷类和杂草种子为食。常成对而非成群活动。
留居类型： 夏候鸟

环颈雉　*Phasianus colchicus*

分类地位： 鸡形目　雉科
形态特征： 体长90cm。体形似家鸡，脚强健。雄鸟有距，翅稍短，尾长，具横纹；上体棕黄色，有红、白、黑、褐等色斑纹，体色绚丽；下体显褐色；羽尖端围以闪光的蓝色；紫绿色的颈部有显著的白色颈环。
生态习性： 栖息于山地，以各种坚果、浆果、种子及昆虫为食。
留居类型： 留鸟

鸿雁 *Anser cygnoides*
国家二级保护野生动物

分类地位： 雁形目　鸭科

形态特征： 体长82cm。嘴黑，虹膜红褐或金黄色，额基有白狭缘，头上连后颈茶褐色，与白色前颈交界分明；背、肩、腰及翼上覆羽暗灰褐，羽缘较淡；下腹以后白色，胁有褐横斑，飞羽和尾羽灰褐，具白端；尾上覆羽白色，脚橙；雌鸟羽色同雄鸟，体形稍小，两翅略短。幼鸟背较黄而暗淡，额基无白狭缘，胁偏白，脚偏黄。

生态习性： 较多陆栖生活，夜间觅食，巢筑于人迹罕至、植被茂盛的苇塘深处或较干燥的丘岗上，以植物叶、芽、种子等为食；窝卵4~9枚，大小为77~88.2 mm，卵重142.3g；雌鸟孵卵，雄鸟警戒。

留居类型： 夏候鸟

豆雁 *Anser fabalis*

分类地位： 雁形目　鸭科

形态特征： 体长82cm。嘴黑，次端斑黄，嘴黄斑侧缘后延成狭形带斑，头至颈褐色，颈杂细斜纵纹，肩、背、翼灰褐；腰和下背黑褐，胸褐灰沾棕色，胁具褐横斑，腹、尾同鸿雁，脚橙色。

生态习性： 栖于河川、湖泊，也活动于农田；集大群迁徙，且飞且鸣；食青草和禾苗，常与鸿雁混群。

留居类型： 旅鸟

灰雁　*Anser anser*

分类地位：　雁形目　鸭科

形态特征：　体长78cm。嘴、脚粉红，嘴甲淡白；虹膜褐色；羽色较其他雁浅淡；颈具细斜纵纹；上体灰褐，羽缘棕白；腰、初级覆羽、小覆羽灰色；胸、腹淡灰褐，胁杂暗褐斑；尾褐色，羽端的白色由中央向两侧逐渐加宽，最外侧两对全白。

生态习性：　常与鸿雁混群；食草、种子、藻类，也吃少量虾、软体动物和昆虫；巢筑于人迹罕至、植被茂密的苇塘、岗地干燥处、沼泽边缘及河岸边；每巢4~6枚卵，近白色，缀橙黄斑，卵重156~178g。

留居类型：　夏候鸟

白额雁 *Anser albifrons*
国家二级保护野生动物

分类地位： 雁形目　鸭科
形态特征： 体长67cm。嘴肉色，嘴甲近白，上嘴基后缘具白横带；头、后颈暗褐，颈有些细纵纹；背、腰、翼暗灰褐，羽缘近白；飞羽黑褐，尾和后腹同鸿雁；头侧、前颈及上胸灰褐，向后渐淡；腹有不规则黑斑；脚橙色。
生态习性： 夜间迁飞，以家族为单位或数个家族一群；以莎草科和禾本科植物的嫩叶为主食，也吃少量草籽和谷粒等。
留居类型： 旅鸟

小白额雁 *Anser erythropus*
国家二级保护野生动物

分类地位： 雁形目　鸭科
形态特征： 体长62cm，体灰色。虹膜深褐，嘴粉红，环嘴基有白斑，腹部具近黑色斑块。极似白额雁。不同处在于体形较小，嘴、颈较短，嘴周围白色斑块延伸至额部，眼圈黄色，腹部暗色块较小。飞行时两翼显长且振翅较快。腿橘黄，脚橘黄色。
生态习性： 在中国于大河及湖泊边越冬，常与白额雁混群，取食于农田及苇荏地。性敏捷，有时在陆上奔跑。
留居类型： 旅鸟

大天鹅 *Cygnus cygnus*
国家二级保护野生动物

分类地位： 雁形目　鸭科

形态特征： 体长121～163cm。嘴、脚黑，虹膜暗褐，嘴基黄斑较尖，前缘达鼻孔下；全身雪白，仅头沾棕黄。头颈长于躯体。幼鸟嘴基粉红，全身淡灰褐。

生态习性： 栖于长有蒲苇的大型湖泊、沼泽等广阔水面，鸣声响亮，伸颈飞翔，鼓翼较慢；多从水下取食植物根茎，也吃草籽、水生昆虫和其他水生无脊椎动物；营巢于沼泽岸边或苔草漂筏上；窝卵约5枚，色白沾污。

留居类型： 夏候鸟

小天鹅 *Cygnus columbianus*
国家二级保护野生动物

分类地位： 雁形目 鸭科
形态特征： 体长113～130cm，体白色。嘴黑但基部黄色区域较大天鹅小；上嘴侧黄色，前尖且嘴上中线黑色。虹膜褐色。脚黑色。
生态习性： 如其他天鹅，结群飞行时成"∨"字形。
留居类型： 旅鸟

赤麻鸭 *Tadorna ferruginea*

分类地位： 雁形目　鸭科
形态特征： 体长60cm。头颈棕白，颈基有一黑色领环；翼镜辉绿色，背肩以及下体均栗棕色，尾及初级飞羽黑色，翼上覆羽纯白。
生态习性： 常成大群栖息于河、湖、池塘等水源丰富的地方，以小鱼、小虾等小动物为食。
留居类型： 冬候鸟

翘鼻麻鸭 *Tadorna tadorna*

分类地位： 雁形目　鸭科
形态特征： 体长60cm。具醒目色彩的黑白色鸭。绿黑色光亮的头部与鲜红色的嘴及额基部隆起的皮质肉瘤对比强烈；胸部有一栗色横带。雌鸟似雄鸟，但色较暗淡，嘴基肉瘤形小或缺失。亚成体褐色斑驳，嘴暗红，脸侧有白色斑块。
生态习性： 营巢于咸水湖泊的湖岸洞穴，极少于淡水湖泊。
留居类型： 夏候鸟

鸳鸯　*Aix galericulata*
国家二级保护野生动物

分类地位： 雁形目　鸭科
形态特征： 体长42cm。雄鸟嘴橙红；脚橙黄；头顶、冠羽蓝绿和铜红；白眉纹后缘汇入冠羽；翎领橙红；背至尾和翼覆羽暗褐；胸侧黑，夹两条白横带；初级飞羽外侧银灰，次级飞羽有白端；翼镜绿，端缘白；帆羽橙黄；上胸紫栗；胁棕褐，杂细密横斑；后胸至尾下覆羽白。雌鸟冠羽短，贯眼纹白，上体褐，翼无帆羽，下体污白，胸、胁杂污白轴纹。
生态习性： 营巢于树上洞穴或河岸，活动于多林木的溪流。
留居类型： 夏候鸟

赤膀鸭　*Mareca strepera*

分类地位： 雁形目　鸭科
形态特征： 雄鸟体长50cm，体灰色；嘴黑，头棕，尾黑；次级飞羽具白斑及腿橘黄为其主要特征；比绿头鸭稍小，嘴稍细。雌鸟似雌绿头鸭，但头较扁，嘴侧橘黄，腹部及次级飞羽白色。虹膜褐色。脚橘黄。
生态习性： 栖于开阔的淡水湖泊及沼泽地带，极少出现于沿海港湾。
留居类型： 夏候鸟

罗纹鸭 *Mareca falcata*

分类地位：　雁形目　鸭科
形态特征：　体长48cm。嘴、脚灰黑，虹膜褐色。雄鸟头上暗栗，头侧、颈侧和冠羽闪绿辉；前颈有一黑横斑，背、胁灰白，杂褐细纹；翼镜暗绿，前后缘白；三级飞羽延长呈镰刀状；胸密布鳞状褐斑；尾侧覆羽淡黄。雌鸟胸有褐鳞斑，翼镜近黑。
生态习性：　栖息于湖泊、沼泽和河流，沿海较少；白天在湖边和河岸等处休息，晨昏都飞向稻田和湖边浅水处觅食，常与其他鸭类混群；食草籽、嫩草，也吃软体动物及水栖昆虫等。
留居类型：　夏候鸟

赤颈鸭 *Mareca penelope*

分类地位：　雁形目　鸭科
形态特征：　体长46cm。嘴铅灰，末端黑；脚灰黑；虹膜棕褐。雄鸟额顶皮黄色，颈部和头的大部为栗棕，背、胁灰，杂蠹状褐斑；翼上覆羽白；翼镜翠绿，前后镶黑边，胸灰棕，腹纯白；尾侧、尾下覆羽绒黑。雌鸟头、颈、胸、胁棕褐；上背有伴黑色的横斑；腹纯白；翼上覆羽灰褐；三级飞羽外侧白或灰白；翼镜灰褐。
生态习性：　喜食藻类、草叶等。
留居类型：　夏候鸟

斑嘴鸭 *Anas zonorhyncha*

分类地位： 雁形目　鸭科
形态特征： 体长58cm。两性同色；嘴黑，端黄；虹膜黑褐；颊和颈侧污白；褐色贯眼纹、嘴基短颊纹与白眉纹并存；上背灰褐，羽缘棕白，下背至尾黑褐；翼镜蓝绿，后缘无白带，前缘雄鸟有白带，雌鸟和幼鸟无白带；三级飞羽外缘白，脚橙红。
生态习性： 栖息在平原水域，山区少见；在沼泽水域的密草丛下营巢，食草籽、藻类、水草、螺和昆虫。
留居类型： 夏候鸟

绿翅鸭 *Anas crecca*

分类地位： 雁形目　鸭科
形态特征： 体长36cm。嘴黑，脚灰黄，虹膜淡褐，雄鸟头、颈深栗色，眼周之后黑带斑闪绿辉，上背、肩与胁密布蠹状斑，长肩羽外侧黑，内侧白；翼镜外侧黑，内侧闪绿辉；胸杂黑点斑，尾侧覆羽黄。雌鸟褐，背杂淡色"V"形斑；翼镜同雄鸟。
生态习性： 迁徙时集成千上万只的大群；雄性多于雌性，常与绿头鸭混群；数量多，分布广；食水生植物根茎、螺、甲虫、杂草种子等。
留居类型： 夏候鸟

绿头鸭 *Anas platyrhynchos*

分类地位： 雁形目　鸭科
形态特征： 体长55cm。雄鸟嘴橄榄绿，脚橙红；头、颈辉绿，颈基以白领环连栗胸；上背、肩、腹、胁灰色杂褐细纹，下背至尾黑；中央两对尾羽向上钩卷；翼镜蓝紫，前后均镶黑、白狭带，翼下覆羽白。雌鸟嘴橙黄，上嘴杂褐斑，翼镜同雄鸟。幼鸟似雌鸟，但喉较淡；下体白，黑褐斑纹清晰。
生态习性： 分布广，大水域和山溪均有繁殖；地面巢，用蒲、苇茎叶搭成；雌鸟孵卵。食种子、稻粒、谷物、草芽、茎叶，也吃少量软体动物和昆虫。
留居类型： 夏候鸟

琵嘴鸭 *Spatula clypeata*

分类地位： 雁形目　鸭科

形态特征： 体长48cm。无亚种分化。嘴长于头，嘴端宽似铲，脚橙红。雄鸟嘴黑；虹膜金黄；头至上颈闪绿辉，下颈、胸、上背两侧、基部肩羽及翼下覆羽白；背暗褐，羽缘淡；翼覆羽和长肩羽外侧灰蓝，大覆羽端白；翼镜绿；腹和胁栗红，远望极醒目，尾侧白。雌鸟嘴暗褐；虹膜淡褐；翼似雄鸟，但暗淡。

生态习性： 不喜植被茂密的水域，常在浅水处岸边及缓流的沙滩上，用铲形的嘴掘泥沙取食植物根和叶、小螺及少量虾、草籽等。

留居类型： 夏候鸟

针尾鸭 *Anas acuta*

分类地位： 雁形目　鸭科

形态特征： 雄性体长68cm，雌性体长62cm。嘴、脚灰黑，虹膜深褐，颈长于其他鸭类。雄鸟头、喉、后颈褐，前颈至腹白；颈侧狭白斑上伸至枕；背、胁灰白，杂细密黑横斑；肩羽黑，羽缘灰或棕黄，翼镜绿，前缘棕，后缘白，中央尾羽甚长；尾下覆羽黑，尾基两侧有乳黄斑。雌鸟头棕褐，密杂黑细纹；背、肩、胁黑褐，杂棕白"U"形斑；尾较雄性短。

生态习性： 采食时借长颈在其他河鸭类无法到达的水底采食；杂食，繁殖期间多以动物性食物为主。

留居类型： 旅鸟

白眉鸭 *Spatula querquedula*

分类地位： 雁形目　鸭科
形态特征： 体长37cm。嘴、脚黑。雄鸟头顶、颏黑褐；颊、颈栗色，杂白细纹；白眉纹直达上颈；胸棕黄，密杂褐鳞斑；背至尾褐，羽缘淡；肩羽轴纹白，内侧赭黑，外侧赭蓝灰；翼覆羽淡褐沾蓝，大覆羽端白；翼镜绿，前后缘白；胁灰白，杂细波纹。雌鸟仅眼后白眉纹较显著；翼镜灰褐，微闪辉，翼上覆羽蓝色不显。
生态习性： 夜间觅食，植物食性为主。
留居类型： 夏候鸟

花脸鸭 *Sibirionetta formosa*
国家二级保护野生动物

分类地位： 雁形目　鸭科
形态特征： 体长42cm。头顶色深，纹理分明的亮绿色脸部具特征性黄色月牙形斑块；多斑点的胸部染棕色，两肋具鳞状纹似绿翅鸭；肩羽形长，中心黑而上缘白；翼镜铜绿色，臀部黑色。雌鸟似白眉鸭及绿翅鸭，但体略大且嘴基有白点；脸侧有白色月牙形斑块。
生态习性： 喜结大群并常与其他种混群，取食于水面及稻田，栖于湖泊、河口地带。
留居类型： 旅鸟

青头潜鸭 *Aythya baeri*
国家一级保护野生动物

分类地位： 雁形目　鸭科

形态特征： 体长45cm。嘴深灰，先端黑；脚灰。雄鸟头、颈黑，闪绿辉；虹膜白；上体余部黑褐；胸暗栗，腹白，交界分明；胁栗褐，尾下覆羽白；翼覆羽暗褐；飞羽白，羽端和外侧飞羽外侧暗褐。雌鸟虹膜褐；嘴基侧面有暗栗斑；上体暗褐，下背以后近黑；胸、胁棕褐；翼、尾似雄鸟。

生态习性： 栖于开阔水面和水生植物丰富的湖泊中；地面巢或水面浮巢。

留居类型： 夏候鸟

凤头潜鸭 *Aythya fuligula*

分类地位： 雁形目　鸭科
形态特征： 体长41cm。嘴蓝灰，先端黑；脚灰；眼黄。雄鸟头、颈黑，闪紫辉；枕冠下垂；胸、背、腰、翼覆羽、尾覆羽黑；初级飞羽自外向内由黑褐转白；外侧次级飞羽仅羽端黑褐，内侧次级飞羽和三级飞羽黑褐，外侧闪绿辉；腹、胁纯白。雌鸟头颈、背黑褐；冠羽较短；胸、胁褐；腹灰白；翼、尾似雄鸟，但色淡；有的尾下覆羽白或嘴基有白斑。
生态习性： 常见于湖泊及深池塘，潜水找食。飞行迅速。
留居类型： 夏候鸟

红头潜鸭 *Aythya ferina*

分类地位： 雁形目　鸭科
形态特征： 体长45cm。眼红；嘴蓝灰，前后端黑；脚铅灰。雄鸟头及颈栗红；下颈连胸、腰和尾上、下覆羽黑褐；背、肩、胁、腹淡灰，杂褐细横斑；翼覆羽灰褐，飞羽褐灰（较覆羽色淡），翼尖暗褐。雌鸟头、颈、胸褐色沾棕；颏、喉棕白，上背、翼覆羽、初级飞羽灰褐；腰和尾上覆羽暗褐。
生态习性： 栖于有茂密水生植被的池塘及湖泊。
留居类型： 夏候鸟

鹊鸭　*Bucephala clangula*

分类地位： 雁形目　鸭科
形态特征： 体长42cm。嘴黑（雌具黄端）；脚黄，虹膜金黄。雄鸟头和颈上部黑，闪紫蓝辉，嘴基有一白块斑；背至尾黑；肩羽杂白；飞时翼上面外半黑，内半主白；颈下部和下体白。雌鸟头棕褐；颈有污白环，下颈连胸、胁石板灰，羽缘白；上体余部褐，羽缘较淡；翼似雄，唯色淡；胸腹白。
生态习性： 在深水区活动，善潜水，5月上旬开始繁殖，树洞营巢。
留居类型： 旅鸟

普通秋沙鸭　*Mergus merganser*

分类地位： 雁形目　鸭科
形态特征： 体长60cm。嘴、脚红，虹膜暗褐，似中华秋沙鸭，但冠羽甚短近无。雄鸟头与背黑斑被白色后颈隔开；次级飞羽与次级覆羽间无黑横带，全白色。雌鸟次级飞羽和大覆羽之间黑横带不显，喉白。
生态习性： 喜栖开阔水面，常与中华秋沙鸭一起混成数只小群，善潜水，寻食时，常把脸和嘴没入水中；利用天然树洞和洞穴为巢，以鱼、虾、螯虾等动物为食。
留居类型： 夏候鸟

斑头秋沙鸭　*Mergellus albellus*
国家二级保护野生动物

分类地位： 雁形目　鸭科

形态特征： 体长40cm。嘴、脚铅灰，虹膜红色（雄）或褐色（雌）。雄鸟头白，眼先连眼下黑，枕侧有一黑纹，左右汇于白冠羽下；颈白；背黑，引出八形黑细纹至胸侧；翼上面除中覆羽全部、大覆羽基部和次级飞羽端白色外大部为黑色；肩羽前白后褐；腰至尾灰褐；下体白，胁杂细横斑。雌鸟头上和后颈栗褐；喉和前颈白；眼先黑斑似雄鸟；上体灰褐，下体灰白，翼略似雄鸟。

生态习性： 栖于河流、湖泊的深水区，潜水觅食集群，有时与潜鸭等混群，性机警，主食鱼类，营巢于绝壁上或树洞中。

留居类型： 旅鸟

红胸秋沙鸭　*Mergus serrator*

分类地位： 雁形目　鸭科

形态特征： 体长53cm。嘴细长而带钩，捕食鱼类；虹膜红色，嘴红色，脚橘黄色；丝质冠羽长而尖。雄鸟黑白色，两侧多具蠕虫状细纹；与中华秋沙鸭的区别在于胸部棕色，条纹深色；与普通秋沙鸭的区别在于胸色深而冠羽更长。雌鸟及非繁殖期雄鸟色暗而褐，近红色的头部渐变成颈部的灰白色。

生态习性： 栖息于小溪流或池塘；树洞筑巢。

留居类型： 夏候鸟

中华秋沙鸭 *Mergus squamatus*
国家一级保护野生动物

分类地位： 雁形目　鸭科
形态特征： 雄鸟体长58cm。体绿黑色及白色；长而窄近红色的嘴，其尖端具钩；黑色的头部具厚实的羽冠；两胁羽片白色而羽缘及羽轴黑色，形成特征性鳞状纹；脚红色；胸白而别于红胸秋沙鸭，体侧具鳞状纹而异于普通秋沙鸭。雌鸟色暗而多灰色，与红胸秋沙鸭的区别在于体侧具同轴而灰色宽黑色窄的带状图案；虹膜褐色，嘴橘黄色，脚橘黄色。
生态习性： 出没于湍急河流，有时在开阔湖泊。成对或以家庭为群。潜水捕食鱼类。
留居类型： 夏候鸟

小鸊鷉 *Tachybaptus ruficollis*

分类地位： 鸊鷉目　鸊鷉科
形态特征： 体长25cm。嘴尖锥形，尾甚短，几乎无，4趾具分离的瓣蹼。体羽主要为褐色，腹团近白色。
生态习性： 栖息于水草丛生的湖泽地，善潜水，以水生昆虫及其幼虫、鱼、虾为食。水库、池塘、溪流均有分布。喜在清水及有丰富水生生物的湖泊、沼泽及涨过水的稻田。通常单独或呈分散小群活动。繁殖期在水上相互追逐并发出叫声。
留居类型： 夏候鸟

赤颈鸊鷉 *Podiceps grisegena*
国家二级保护野生动物

分类地位： 鸊鷉目　鸊鷉科
形态特征： 体长46cm。嘴黑，基部黄；虹膜红；小覆羽、次级飞羽和三级飞羽白；肩无白羽。夏羽上体（含翼）黑褐；枕侧有两簇黑短冠；喉和头侧灰白；前颈、上胸栗红；下胸、腹和内侧飞羽白；体侧有灰点斑或横斑。冬羽上体黑褐，冠羽不显；颈淡灰褐或沾棕；下体余部丝光白；胸和胁具暗斑。
生态习性： 潜水时常冒出水面，非繁殖期寂静无声，营巢时甚喧闹。
留居类型： 夏候鸟

亚成体

♀　♂

角鹛䴙 *Podiceps auritus*
国家二级保护野生动物

分类地位： 鹛䴙目　鹛䴙科

形态特征： 体长33cm。体态紧实，略具冠羽。繁殖羽：清晰的橙黄色过眼纹及冠羽与黑色头形成对比并延伸过颈背，前颈及两胁深栗色，上体多黑色。冬羽：比黑颈鹛䴙脸上多白色，嘴不上翘，头显略大而平。飞行时与黑颈鹛䴙的区别为翼覆羽。偏白色的嘴尖有别于所有其他鹛䴙，但似体形较小的小鹛䴙。虹膜红色，眼圈白；嘴黑色，嘴端偏白；脚黑蓝或灰色。

生态习性： 栖息于溪流、湖泊、沼泽等水域；食无脊椎动物和鲜嫩植物，还食鸟类和鱼类。

留居类型： 旅鸟

凤头䴙䴘　*Podiceps cristatus*

分类地位： 䴙䴘目　䴙䴘科

形态特征： 体长50cm。上嘴黑，下嘴淡红；眼红；小覆羽、次级飞羽、外侧肩羽白色；三级飞羽黑。夏羽：上体（含翼）黑褐；枕冠黑；头侧和颏、喉皮黄白色；上颈周围翎领棕红，羽端黑；前胸连体侧淡棕褐；下体余部丝光白；翼下覆羽白。冬羽：上体黑褐；冠羽较短，无翎领；下体丝光白，体侧无棕色。

生态习性： 繁殖期成对做精湛的求偶炫耀，两相对视，身体高高挺起并同时点头，有时嘴上还衔着植物。

留居类型： 夏候鸟

黑颈䴙䴘 *Podiceps nigricollis*
国家二级保护野生动物

分类地位： 䴙䴘目　䴙䴘科

形态特征： 体长27cm。嘴黑；眼红。夏羽：眼先、前颈和前胸黑。冬羽：前颈淡灰褐，眼后黑白界线在嘴缘延长线以下。

生态习性： 食水生植物、鱼、虾、昆虫及其他无脊椎动物。繁殖于平原地带有水草和芦苇的沼泽、湖。

留居类型： 夏候鸟

原鸽　*Columba livia*

分类地位： 鸽形目　鸠鸽科

形态特征： 体长32cm。嘴黑灰色，基部较淡；跗跖黄色或红色；虹膜黄色。雌雄同色。头、颈、前胸和上背石板灰色；颈、上背和前胸闪紫色金属光泽；下背淡灰色；次级飞羽中部黑色；初级飞羽和次级飞羽末端黑色；尾上覆羽和尾羽石板灰色，尾羽末端具有黑色端斑；腹部蓝灰色。幼鸟背黑灰色，羽端缘白色。

生态习性： 喜栖息于峭壁或建筑物上。常成群活动。食物为植物性，包括各类种子及果实，如豆类、小麦、高粱等。在岩缝或建筑物平坦处营浅盘状树枝巢。每年4—8月繁殖，每年繁殖两窝，窝卵数为两枚，卵白色，孵化期17—18天，育雏期约30天。

居留型： 夏候鸟

岩鸽　*Columba rupestris*

分类地位： 鸽形目　鸠鸽科

形态特征： 体长31cm。翼上具两道黑色横斑。非常似原鸽，但腹部及背色较浅，尾上有宽阔的偏白色次端带，灰的尾基、浅色的背部及尾上的次端带成明显对比。

生态习性： 群栖于多峭壁崖洞的岩崖地带。

留居类型： 留鸟

山斑鸠 *Streptopelia orientalis*

分类地位： 鸽形目　鸠鸽科

形态特征： 体长33cm。偏粉色。山斑鸠与珠颈斑鸠区别在于颈侧有带明显黑白色条纹的块状斑。上体的深色扇贝斑纹体羽羽缘棕色，腰灰，尾羽近黑，尾梢浅灰。下体多偏粉色，脚红色。与灰斑鸠区别在于体形较大。

生态习性： 成对活动，多在开阔农耕区、村庄及寺院周围，取食于地面。

留居类型： 留鸟

毛腿沙鸡 *Syrrhaptes paradoxus*

分类地位： 沙鸡目　沙鸡科

形态特征： 体长36cm。沙色，中央尾羽延长，上体具浓密黑色杂点，脸侧有橙黄色斑纹，眼周浅蓝。无黑色喉块，但腹部具特征性的黑色斑块。雄鸟胸部浅灰，无纵纹，黑色的细小横斑形成胸带。雌鸟喉具狭窄黑色横纹，颈侧具细点斑。飞行时翼形尖，翼下白色，次级飞羽具狭窄黑色缘。

生态习性： 栖于开阔的贫瘠原野、无树草场及半荒漠，也光顾耕地。

留居类型： 留鸟

普通夜鹰 *Caprimulgus jotaka*

分类地位： 夜鹰目　夜鹰科

形态特征： 体长28cm。上体大都褐灰，满杂以黑褐虫状狭细横斑；头顶具黑色斑纹；翼上覆羽和飞羽黑褐，具锈赤色横双或眼状斑：最外侧初级飞羽内近v翼端处有一大形白斑；中央尾羽灰白，具黑色宽阔横斑，最外侧4对尾羽黑褐，具棕红虫蚀及白色近端块斑，下喉具一大形白斑；胸灰白，满布黑褐色横斑和虫斑；腹、胁均红棕色，具浓密的黑褐横斑；尾下覆羽棕白，有淡褐色横斑。

生态习性： 白天伏在多树山坡草地或树杈处，夜间捕食昆虫，尤以鳞翅目和壳翅目昆虫为多。喜开阔的山区森林及灌木丛。

留居类型： 夏候鸟

小杜鹃　*Cuculus poliocephalus*

分类地位：　鹃形目　杜鹃科
形态特征：　体长26cm，灰色。腹部具横斑。上体灰色，头、颈及上胸浅
灰。下胸及下体余部白色具清晰的黑色横斑，臀部沾皮黄色。尾
灰，无横斑，但端具白色窄边。雌鸟似雄鸟，但也具棕红色色
型，全身具黑色条纹。似大杜鹃但体形较小，以叫声最易区分。
眼圈黄色，虹膜褐色；嘴黄色，端黑；脚黄色。
生态习性：　似大杜鹃。栖于多森林覆盖的乡野。
留居类型：　夏候鸟

大杜鹃　*Cuculus canorus*

分类地位：　鹃形目　杜鹃科
形态特征：　体长32cm。上体灰色，尾偏黑色，腹部近
白而具黑色横斑，"棕红色"色型雌鸟为棕
色，背部具黑色横斑。与四声杜鹃区别在于
虹膜黄色，尾上无次端斑。幼鸟枕部有白色
块斑。虹膜及眼圈黄色；嘴上为深色，下为
黄色；脚黄色。
生态习性：　喜开阔的有林地带及大片芦苇地，有时停在
电线上找寻大苇莺的巢。
留居类型：　夏候鸟

东方中杜鹃　*Cuculus optatus*

分类地位：　鹃形目　杜鹃科
形态特征：　体长26cm。与大杜鹃极相似，但翼缘纯
白，而无横斑；腹面黑褐横斑较粗，达
0.3~0.4cm。翅短于17.5cm。不喜鸣叫，
鸣叫五声或六声一度。
生态习性：　常隐于林冠的鸟种。春季繁殖期鸣叫频繁，
其他时间很难发现。
留居类型：　夏候鸟

北棕腹鹰鹃　*Hierococcyx hyperythrus*

分类地位：　鹃形目　杜鹃科

形态特征：　体长28cm，青灰。尾具黑褐色横斑，胸棕色。比鹰鹃小。与其他鹰鹃区别在于上体青灰，头侧灰色，无髭纹（幼鸟除外）而腹白；枕部具白色条带，颏黑而喉偏白，尾v羽具棕色狭边。亚种胸棕色具白色纵纹，枕部无白色条带，尾上无狭窄棕色边，且体形较小，叫声有异。虹膜红色或黄色；嘴黑色，基部及嘴端黄色；脚黄色。

生态习性：　栖息于多种生境，包括落叶林、阔叶林等，越冬于常绿林。

留居类型：　夏候鸟

四声杜鹃　*Cuculus micropterus*

分类地位：　鹃形目　杜鹃科

形态特征：　体长30cm。似大杜鹃，区别在于尾灰并具黑色次端斑，且虹膜较暗，灰色头部与深灰色的背部形成对比。雌鸟较雄鸟多褐色。亚成鸟头及上背具偏白的皮黄色鳞状斑纹。虹膜红褐，眼圈黄色；上嘴黑色，下嘴偏绿；脚黄色。

生态习性：　通常栖于森林及次生林上层。常只闻其声不见其鸟。

留居类型：　夏候鸟

黑水鸡 *Gallinula chloropus*

分类地位： 鹤形目　秧鸡科

形态特征： 体长31cm。全体黑色，上腹有一大块白斑，两胁有宽阔的白色条纹，尾下覆羽两旁白色，中央黑色。嘴端浅黄绿色，基部及额板鲜红橙色。

生态习性： 生活于平原、山地、沼泽、小溪边的杂草或稻田中，以昆虫、蠕虫、植物嫩芽和种子为食。

留居类型： 夏候鸟

普通秧鸡 *Rallus indicus*

分类地位： 鹤形目　秧鸡科

形态特征： 体长27cm。上嘴黑褐，嘴缘和下嘴橙黄，繁殖期嘴近红色；虹膜橙红；两性羽色相似；额、头顶至后颈黑色；眉纹灰白，贯眼纹灰褐；背、肩及尾上覆羽橄榄褐色，缀以黑纵纹；翼橄榄褐色，中、小覆羽具零星白横斑；颏与喉几为白色；前颈和胸灰褐；胁、腹、胫和尾下覆羽黑色，并具细狭白横斑；尾暗褐，具橄榄褐色羽缘；脚黄褐或暗绿。

生态习性： 栖河湖岸边、沼泽湿地的芦苇等水草丛中。

留居类型： 夏候鸟

斑胁田鸡 *Zapornia paykullii*
国家二级保护野生动物

分类地位： 鹤形目 秧鸡科
形态特征： 体长22cm。嘴短，腿红色，枕及颈深色，头顶及上体深褐色，颏白，头侧及胸栗色，两胁及尾下近黑而具白色细横纹。翼上具白色横纹，白色横纹较细。翼覆羽较红腿斑秧鸡少白色，飞羽无白色，幼鸟为褐色而非栗色。
生态习性： 栖于湿润多草的草甸及稻田。
留居类型： 夏候鸟

小田鸡 *Zapornia pusilla*

分类地位： 鹤形目 秧鸡科
形态特征： 体长18cm。头黑褐，眼先、眉纹、耳羽褐色。上体橄榄褐；头顶及背有黑色条纹；肩、背、腰及内侧飞羽杂以不规则的白缘和白羽干；两胁黑褐具白色横斑；两翼暗褐，有白色翼缘；尾黑，有棕色羽缘。脚褐绿。
生态习性： 生活于稻田及其附近杂草中，以动物性食物为主。
留居类型： 夏候鸟

白骨顶 *Fulica atra*

分类地位： 鹤形目 秧鸡科
形态特征： 体长40cm。全体近黑色；头颈深黑色，具白色角质，裸出部分为骨顶。嘴巴及额甲白色，趾具瓣状蹼膜。形似家鸡。
生态习性： 强栖水性和群栖性；常潜入水中在水体底部找食水草。繁殖期相互争斗追打。起飞前在水面上长距离助跑。
留居类型： 夏候鸟

白鹤 *Leucogeranus leucogeranus*
国家一级保护野生动物

分类地位： 鹤形目　鹤科

形态特征： 体长135cm。嘴赭红色；脚浅肉红色；虹膜黄白色；除初级飞羽和小翼羽黑色外，余羽皆白色；头前半部除少许白须羽外，全部裸露朱红。越冬后的亚成体除颈、肩尚存黄羽外，余似成鸟。

生态习性： 典型的沼泽湿地鸟，几乎整日生活在沼泽中，主要挖掘水生植物地下茎和根为食，也食蚌、螺、鱼等。

留居类型： 旅鸟

白枕鹤 *Antigone vipio*
国家一级保护野生动物

分类地位： 鹤形目 鹤科

形态特征： 体长150cm。嘴黄绿色，先端稍淡；虹膜褐色；额连颊裸露部分赤红；耳羽灰；喉、前颈上部、枕与后颈白；体羽大都蓝灰；初级飞羽黑，次级飞羽灰，三级飞羽白，翼上覆羽淡灰；前颈下部及下体暗灰；脚灰红色。亚成体枕和上颈土黄；颊、脚绯红。

生态习性： 栖于沼泽湿地；早春白天多数时间在耕地中活动，在沼泽中过夜，亚成体集小群活动在繁殖鹤领域之外，始终处于游荡状态。繁殖鹤领域行为极强。食小鱼、蝌蚪、蝗虫、水生昆虫及种子、草根、谷物等。

留居类型： 夏候鸟

丹顶鹤　*Grus japonensis*
国家一级保护野生动物

分类地位： 鹤形目　鹤科

形态特征： 体长138~152cm。嘴灰绿，尖端稍淡；脚铅黑；虹膜褐色；全身大部白；头顶裸部朱红；额和眼先微具黑羽；喉、颊、颈大部、次级和三级飞羽均黑；三级飞羽长而弯曲，覆于白尾上。幼鸟大部棕黄，次级和三级飞羽黑。

生态习性： 栖于沼泽湿地，春秋季成家族迁徙。鸣叫时头颈向上直伸，鸣声洪亮，可传至1km以外。近水草丛中或芦苇漂筏上营巢，巢呈浅碟状，以芦苇或莎草为巢材。食鱼类、昆虫、软体动物、嫩芽和种子。

留居类型： 夏候鸟

白头鹤 *Grus monacha*
国家一级保护野生动物

分类地位： 鹤形目　鹤科
形态特征： 体长96cm。嘴黄绿色；虹膜暗红色，头与大部分颈白色；额
　　　　　　与眼先密生黑须羽，头顶前裸部朱红；颈下部以后石板黑；飞
　　　　　　羽比体羽色深，三级飞羽弯弓形，羽枝松散；脚铅黑。
生态习性： 栖于河口、湖泊、沼泽水域；食鱼、甲壳类、软体动物、昆
　　　　　　虫、谷物和草根。黑龙江、乌苏里江流域有繁殖记录。
留居类型： 旅鸟

亚成体

灰鹤 *Grus grus*
国家二级保护野生动物

分类地位： 鹤形目 鹤科

形态特征： 体长105cm。嘴青灰色，先端乳黄；虹膜赤褐或黄褐色；通体灰；头裸部朱红，疏被黑须羽；颊至颈侧灰白；喉、前颈及后颈灰黑；初级飞羽和次级飞羽黑、三级飞羽端略黑，弯弓状；尾端黑褐；脚灰黑。幼鸟体色较淡，头无红裸部，头后赭黄；颈部无黑、白对比色。

生态习性： 栖于沼泽、草原、沙滩及近水丘陵；休息时常单腿站立，头弯回插入背羽中；食水草嫩芽、种子、谷物、软体动物、昆虫、鱼、虾、两栖类，有时也捕食鼠、蛇等，以动物食性为主；地面营巢。

留居类型： 旅鸟

蛎鹬 *Haematopus ostralegus*

分类地位： 鸻形目　蛎鹬科

形态特征： 体长44cm，体黑白色。红色的嘴长直而端钝。腿粉红。上背、头及胸黑色，下背及尾上覆羽白色，下体余部白色。翼上黑色，沿次级飞羽的基部有白色宽带。翼下白色并具狭窄的黑色后缘。虹膜红色。

生态习性： 飞行缓慢且振翼幅度大。沿岩石型海滩取食，食物为软体动物，它们用錾形嘴錾开。成小群活动。

留居类型： 夏候鸟

反嘴鹬 *Recurvirostra avosetta*

分类地位： 鸻形目　反嘴鹬科
形态特征： 体长41cm。无亚种分化。嘴黑色，细长翘曲；腿细长，脚蓝灰，趾间凹蹼；头至上颈黑；肩羽、中覆羽、外侧小覆羽和初级飞羽黑；展翅时上体有7块黑斑；上体余部和下体白。幼鸟体羽黑色部呈褐色。
生态习性： 栖于草原与半荒漠地区的水域岸边，以水生昆虫幼虫、蝌蚪、小软体动物、甲壳类为食，常涉水觅食，亦能游泳。在河湖岸边、沙滩或碱地光裸地面凹窝营巢。
留居类型： 夏候鸟

黑翅长脚鹬 *Himantopus himantopus*

分类地位： 鸻形目　反嘴鹬科
形态特征： 体长35cm。嘴直长；脚红，甚细长，无后趾。夏羽头、颈黑灰或头黑灰而颈污白；上背、肩和两翼黑色而闪绿辉；额、下背至尾上覆羽和下体白；尾淡灰褐。雌鸟头乌褐；后颈污白；背、肩、三级飞羽褐色；翼覆羽和飞羽黑褐，少绿辉。冬羽头上至后颈黑褐。雄鸟冬羽与雌鸟夏羽相似，头、颈均为白色，头顶至后颈有时缀有灰色。幼鸟背灰褐，脚色淡，次级飞羽端白。
生态习性： 栖于开阔地的淡水域；步行缓慢；飞时长脚后伸远超过尾端，边飞边尖叫。以昆虫、蛙卵、蝌蚪、幼蛙等为食；常集群营巢，且与凤头麦鸡、泽鹬等混杂营巢，巢筑于水边土堆上，有时营巢在稻田埂上。
留居类型： 夏候鸟

凤头麦鸡 *Vanellus vanellus*

分类地位： 鸻形目 鸻科

形态特征： 体长30cm。嘴黑；脚暗红，幼鸟色淡；虹膜褐色；夏羽：头上、颏喉、前颈和胸黑色；冠羽翘曲；头侧污白杂黑斑；颈侧白，后颈污白；背、肩、翼、三级飞羽铜绿闪金辉；尾覆羽棕；尾羽白，端半部黑；飞羽黑，翼端污白，翼下覆羽和腹以后白；冠羽较短；黑色较淡，金辉不显。

生态习性： 栖河湖岸边、沼泽、缓坡等环境。跑动中觅食，空中飞行方向多变。非繁殖季节集群，地面营巢。

留居类型： 夏候鸟

灰头麦鸡　*Vanellus cinereus*

分类地位： 鸻形目　鸻科
形态特征： 体长35cm。头及胸灰色；上背及背褐色；翼尖、胸带及尾部横斑黑色，翼后余部、腰、尾及腹部白色。亚成鸟似成鸟，但褐色较浓而无黑色胸带。虹膜褐色；嘴黄色，端黑；脚黄色。
生态习性： 栖于近水的开阔地带、河滩、稻田及沼泽。
留居类型： 夏候鸟

金鸻 *Pluvialis fulva*

分类地位： 鸻形目 鸻科
形态特征： 体长23~26cm。嘴黑色；脚黑色，无后趾；虹膜暗红色。夏羽：上体黑色，密布金黄色点斑；头侧和体侧缘具有一相连白色条带；下体黑色；尾灰白色，杂金黄色与黑褐色斑。雄鸟似雌鸟，但颈、喉杂白色或近黄色斑点。冬羽：胸腹灰黄色，具有褐色斑。幼鸟：似冬羽，下体黄色较浓。
生态习性： 栖息于河湖岸边、海滨沙滩与沼泽湿地及其附近草地、农田和耕地。主要以鞘翅目、鳞翅目和直翅目昆虫、蠕虫等为食。每年6—7月繁殖；窝卵数4~5枚；卵乳白色或黄褐色，杂暗褐色及绿褐色斑点；孵化期27天左右。
留居类型： 夏候鸟

环颈鸻 *Charadrius alexandrinus*

分类地位： 鸻形目 鸻科
形态特征： 体长15cm。与金眶鸻的区别在于腿黑色，飞行时具白色翼上横纹，尾羽外侧更白。雄鸟胸侧具黑色块斑；雌鸟此斑块为褐色。亚种嘴较长、较厚。
生态习性： 单独或成小群进食，常与其余涉禽混群于海滩或近海岸的多沙草地，也于沿海河流及沼泽地活动。
留居类型： 夏候鸟

长嘴剑鸻 *Charadrius placidus*

分类地位： 鸻形目 鸻科
形态特征： 体长22cm。略长的嘴全黑，尾较剑鸻及金眶鸻长，白色的翼上横纹不及剑鸻粗而明显。繁殖期体羽特征为具黑色的前顶横纹和全胸带，但贯眼纹灰褐而非黑。亚成鸟同剑鸻及金眶鸻。虹膜褐色，嘴黑色，腿及脚暗黄。
生态习性： 喜河边及沿海滩涂的多砾石地带。
留居类型： 旅鸟

金眶鸻 *Charadrius dubius*

分类地位： 鸻形目 鸻科
形态特征： 体长16cm。黑、灰及白色鸻。嘴短。与环颈鸻及马来沙鸻的区别在于具黑或褐色的全胸带，腿黄色。与剑鸻区别在于黄色眼圈明显，翼上无横纹。成鸟黑色部分在亚成鸟时为褐色。飞行时翼上无白色横纹。热带地区的亚种体形略小。
生态习性： 通常出现在沿海溪流及河流的沙洲，也见于沼泽地带及沿海滩涂；有时见于内陆，以昆虫等为食。
留居类型： 夏候鸟

丘鹬　*Scolopax rusticola*

分类地位：　鸻形目　鹬科
形态特征：　体长35cm。嘴基肉红色，端部黑褐色；脚暗黄；虹膜褐色；眼位于头侧后部；颈全被羽，上体锈红，头后具4道黑横斑；背、肩杂黑与黄灰斑，具4条灰白纵带，翼覆羽杂褐横斑，腰、尾上覆羽和下体（灰黄）杂褐细横斑；尾黑褐，杂栗横斑及灰褐端斑；翼下覆羽、腋、肋灰黄杂褐横斑。
生态习性：　主要活动于山林间；夜行，不得已飞出时，飞不远又遁入草丛中。秋迁较晚，延至初雪之后。
留居类型：　夏候鸟

孤沙锥　*Gallinago solitaria*

分类地位：　鸻形目　鹬科
形态特征：　体长29cm。体色较暗，斑纹较细。头顶两侧缺少近黑色条纹，嘴基灰色较深。飞行时脚不伸出于尾后。比扇尾沙锥、大沙锥或针尾沙锥色暗，黄色较少，脸上条纹偏白而非皮黄色。肩胛具白色羽缘，胸浅姜棕色，腹部具白及红褐色横纹，下翼或次级飞羽后缘无白色。虹膜褐色；嘴橄榄褐色，嘴端色深；脚橄榄色。
生态习性：　性孤僻。飞行较扇尾沙锥缓慢，但也做锯齿状盘旋飞行。
留居类型：　夏候鸟

针尾沙锥　*Gallinago stenura*

分类地位：　鸻形目　鹬科
形态特征：　体长26cm。嘴肉色，沾褐色；脚黄绿色；虹膜褐色；中央冠纹乳黄色，侧冠纹黑褐色；背、肩黑褐色，杂红褐与黑色斑；背两侧与肩外侧有4条黄色纵带；脸乳黄色，贯眼纹褐色；颈、胸黄褐色，有黑褐色纵纹；自下胸以后白色，肋杂褐色横斑；飞时次级飞羽末端白翼带不显，脚伸出尾端较长；翼下覆羽、腋、肋黑褐杂白斑；外侧6对尾羽线形，淡黄褐色，杂黑色细横斑和棕红色次端斑，端斑黄白色。
生态习性：　栖水域岸边和草地，晨昏活动；嘴插入稀泥中取食；人走近时突然起飞，落地后迅即跑动离开落点。
留居类型：　夏候鸟

大沙锥 *Gallinago megala*

分类地位： 鸻形目 鹬科

形态特征： 体长28cm。两翼长而尖，头形大而方，嘴长。春季时胸及颈较暗淡。上体黑褐色，杂以棕黄色纵纹和红棕色横斑与斑纹。头顶中尖具苍白色纵纹，从嘴基直达枕部，枕后转为淡红棕色。白色中央冠纹两侧为绒黑色，具细小的淡红棕色斑点。

生态习性： 栖息于河流、沼泽、草地、旷野，迁徙时常与其他鹬类混在一起，其食物多为昆虫、甲壳类及植物碎屑等。其他生态习性似针尾沙锥。

留居类型： 旅鸟

扇尾沙锥 *Gallinago gallinago*

分类地位： 鸻形目 鹬科

形态特征： 体长26cm。嘴基肉色，端部褐色；脚黄绿色；虹膜褐色；体色似针尾沙锥；尾羽14枚；第一枚初级飞羽外侧近白，与内侧异色；翼下覆羽和腋羽主白，飞时次级飞羽末端有白带斑，脚伸出尾端；翼下覆羽也有明显的白带斑。

生态习性： 栖于河湖岸边浅水处及沼泽湿地、水田，常隐在草丛或砾石间。性机警，往往未等人接近即突然起飞，边飞边高声鸣叫。发情期雄鸟翼半张，尾展成扇，与翼摩擦出声，向雌鸟求爱。主要食环节动物、昆虫、蜘蛛、甲壳类、软体动物、小鱼等，也食植物种子与毛茛科的坚果。

留居类型： 夏候鸟

斑尾塍鹬 *Limosa lapponica*

分类地位：　鸻形目　鹬科
形态特征：　体长40cm。体大而腿长的涉禽。嘴略向上翘；上体具灰褐色斑驳，具显著的白色眉纹；下体胸部沾灰。与黑尾塍鹬的区别在翼上横斑狭窄而色浅，白色的尾及腰上具褐色横斑。东部的亚种下背偏褐，翼下较白。
生态习性：　栖息于潮间带、河口、沙洲及浅滩。进食时头部动作快，大口吞食，头深插入水。
留居类型：　旅鸟

黑尾塍鹬 *Limosa limosa*

分类地位：　鸻形目　鹬科
形态特征：　体长42cm。长嘴涉禽。似斑尾塍鹬，但体形较大，嘴不上翘，过眼线显著，上体杂斑少，尾前半部近黑色，腰及尾基白色，白色的翼上横斑明显。
生态习性：　光顾沿海泥滩、河流两岸及湖泊。食性同斑尾塍鹬，但更喜淤泥，头往泥里探得更深，有时头的大部分都埋在泥里。
留居类型：　旅鸟

白腰杓鹬 *Numenius arquata*
国家二级保护野生动物

分类地位： 鸻形目　鹬科

形态特征： 体长55cm。嘴甚长而下弯；腰白，渐变成尾部色及褐色横纹。头顶及上体淡褐色，密被黑褐色羽干纹；自后颈至上背羽干纹增宽，到上背则呈块斑状。下腹和尾下覆羽白色；腋羽和翼下覆羽也为白色。

生态习性： 常用嘴插入泥中搜索食物，以昆虫和水生无脊椎动物为食，亦食小鱼、小型爬行类、两栖类和浆果。在草地上营巢，以苇叶和其他草类为巢材。

留居类型： 夏候鸟

中杓鹬 *Numenius phaeopus*

分类地位： 鸻形目 鹬科
形态特征： 体长43cm。眉纹色浅，具黑色顶纹，嘴长而下弯。似白腰杓鹬但体形小许多，嘴也相应短。虹膜褐色，嘴黑色，脚蓝灰。
生态习性： 喜沿海泥滩、河口潮间带、沿海草地、沼泽及多岩石海滩，通常结小至大群，常与其他涉禽混群。
留居类型： 旅鸟

大杓鹬 *Numenius madagascariensis*
国家二级保护野生动物

分类地位： 鸻形目 鹬科
形态特征： 体长60cm。嘴黑褐色，下嘴基部角黄色；脚青褐色；虹膜暗褐色；大小和体色似白腰杓鹬，不同的是下背、腰、尾上覆羽与上背近同色；翼下覆羽、腋羽和尾下覆羽杂褐横斑；全体底色沾黄而非白。冬羽比夏羽色稍淡。
生态习性： 栖于沼泽和江河沿岸，在水泡中觅食田螺、蝌蚪和甲虫；在有小片耕地和塔头的沼泽草甸营巢，巢是在塔头墩子上铺垫少许草茎、叶而成。领域行为明显。
留居类型： 夏候鸟

小杓鹬 *Numenius minutus*
国家二级保护野生动物

分类地位： 鸻形目 鹬科
形态特征： 体长30cm。嘴中等长度而略向下弯，皮黄色的眉纹粗重。与中杓鹬的区别在体型较小，嘴较短较直。腰无白色。落地时两翼上举。虹膜褐色；嘴褐色，嘴基明显粉红色；脚蓝灰。
生态习性： 喜干燥、开阔的内陆及草地，极少至沿海泥滩。
留居类型： 旅鸟

鹤鹬 *Tringa erythropus*

分类地位： 鸻形目　鹬科　鹬属
形态特征： 体长30cm。嘴长且直，繁殖羽黑色具白色
点斑。冬季似红脚鹬，喜鱼塘、沿海滩涂及
沼泽地带。但体型较大，灰色较深，嘴较长
且细，上嘴基红色较少。两翼色深并具白色
点斑，过眼纹明显。飞行时区别在后缘缺少
白色横纹，脚伸出尾后较长。
生态习性： 多与其他鹬类混群，迁徙时常集数百只大
群。以甲壳类、蠕虫、昆虫及小鱼、两栖类
等为食。
留居类型： 旅鸟

红脚鹬 *Tringa totanus*

分类地位： 鸻形目　鹬科
形态特征： 体长27cm。嘴、脚红，嘴端黑；冬羽和幼
鸟羽红色变淡。下背和腰白；尾上覆羽和
尾白，杂黑横斑；内侧初级飞羽和次级飞羽
端白，飞时翼后缘显宽白横带，仅趾端伸过
尾端，翼下覆羽和腋羽白。夏羽：上体（含
翼）褐，杂黑斑；下体白，密布褐斑，喉、腹
较稀。冬羽：头、颈、上背、肩近纯灰褐，
头侧、颈侧和胸杂细小淡褐轴纹，胁白。
生态习性： 栖于海滨、河湖岸边及沼泽湿地，受惊时由
低至高做弧状飞行，且飞且鸣。5月份可见
求偶行为，雄鸟两翼上举，在雌鸟周围频频
抖动，头上下摆动，不时细声鸣叫。
留居类型： 夏候鸟

泽鹬 *Tringa stagnatilis*

分类地位： 鸻形目　鹬科
形态特征： 体长23cm。额白，嘴黑而细直，腿长而偏
绿色。两翼及尾近黑，眉纹较浅。上体灰褐
色，腰及下背白色，下体白色。与青脚鹬区
别在体形较小，额部色浅，腿相应地长且
细，嘴较细而直。虹膜褐色，嘴黑色，脚
偏绿。
生态习性： 喜湖泊、盐田、沼泽地、池塘，并偶尔至沿
海滩涂。通常单只或两三成群，但冬季可结
成大群。甚羞怯。
留居类型： 旅鸟

青脚鹬 *Tringa nebularia*

分类地位： 鸻形目　鹬科
形态特征： 体长32cm。腿近绿，灰色的嘴长而粗且略向上翻。上体灰褐具杂色斑纹，翼尖及尾部横斑近黑；下体白色，喉、胸及两胁具褐色纵纹。背部的白色长条于飞行时尤为明显。翼下具深色细纹（小青脚鹬为白色）。与泽鹬区别在体形较大，腿较短，叫声独特。虹膜褐色；嘴灰色，端黑色；脚黄绿色。
生态习性： 喜沿海和内陆的沼泽地带及大河流的泥滩。通常单独或两三成群。进食时嘴在水里左右甩动寻找食物。
留居类型： 旅鸟

白腰草鹬 *Tringa ochropus*

分类地位： 鸻形目　鹬科
形态特征： 体长23cm。矮壮形，深绿褐色，腹部及臀白色。飞行时黑色的下翼、白色的腰部以及尾部的横斑极显著。上体绿褐色杂白点；两翼及下背几乎全黑；尾白，端部具黑色横斑。飞行时脚伸至尾后。野外看黑白色非常明显。与林鹬区别在近绿色的腿较短，外形较矮壮，下体点斑少，翼下色深。
生态习性： 常单独活动，喜小水塘、沼泽地及沟壑。受惊时起飞，似沙锥而呈锯齿形飞行。
留居类型： 夏候鸟

林鹬　*Tringa glareola*

分类地位： 鸻形目　鹬科

形态特征： 体长20cm。纤细，褐灰色，腹部及臀偏白，腰白。上体灰褐色具斑点；眉纹长，白色；尾白而具褐色横斑。飞行时尾部的横斑、白色的腰部及下翼以及翼上无横纹为其特征。脚远伸于尾后。与白腰草鹬区别在腿较长，黄色较深，翼下色浅，眉纹长，外形纤细。

生态习性： 喜沿海多泥的栖息环境，但也出现在内陆高至海拔750m的稻田及淡水沼泽。通常可结成20余只的松散小群，有时也与其他涉禽混群。

留居类型： 夏候鸟

矶鹬　*Actitis hypoleucos*

分类地位： 鸻形目　鹬科

形态特征： 体长20cm。褐色及白色鹬。嘴短，性活跃，翼不及尾。上体褐色，飞羽近黑；下体白，胸侧具褐灰色斑块。特征为飞行时可见翼上白色横纹，腰无白色，外侧尾羽无白色横斑。翼下具黑色及白色横纹。

生态习性： 光顾不同的栖息生境，从沿海滩涂和沙洲至海拔1500m的山地稻田及溪流、河流两岸。行走时头不停地点动，并具两翼僵直滑翔的特殊姿势。

留居类型： 夏候鸟

青脚滨鹬 *Calidris temminckii*

分类地位： 鸻形目　鹬科

形态特征： 体长14cm。腿短，灰色。冬季上体全暗灰；下体胸灰色，渐变为近白色的腹部。尾长于拢翼。与其他滨鹬区别在于外侧尾羽纯白，落地时极易见，且叫声独特，腿偏绿或近黄。夏季体羽胸褐灰色，翼覆羽带棕色。虹膜褐色，嘴黑色，腿及脚偏绿色或近黄色。

生态习性： 同其他滨鹬，喜沿海滩涂及沼泽地带，成小或大群，也光顾潮间港湾。被赶时猛地跃起，飞行快速，紧密成群做盘旋飞行。站姿较平。

留居类型： 旅鸟

尖尾滨鹬 *Calidris acuminata*

分类地位： 鸻形目　鹬科

形态特征： 体长19cm。头顶棕色；眉纹色浅；胸皮黄色，下体具粗大的黑色纵纹；腹大部白；尾中央黑色，两侧白色。似冬季的长趾滨鹬，但顶冠多棕色。夏季体羽多棕色，通常比斑胸滨鹬鲜亮。幼鸟色彩较艳丽。虹膜褐色，嘴黑色，腿及脚偏黄至绿色。

生态习性： 栖于沼泽地带、沿海滩涂、泥沼、湖泊及稻田，常与其他涉禽混群。

留居类型： 旅鸟

大滨鹬　*Calidris tenuirostris*
国家二级保护野生动物

分类地位： 鸻形目　鹬科
形态特征： 体长27cm。嘴黑灰色，虹膜暗褐色。夏羽：头和颈白色，具有黑色纵纹；背黑色，具有宽的白色或皮黄色羽缘；肩具有显著的栗红色斑纹和白色，羽缘；下体白色，具有黑色斑点，尤以胸部特别密；尾上覆羽大都白色。冬羽：上体淡灰褐色，具有黑色纵纹；腰和尾上覆羽白色，微缀黑色斑点。
生态习性： 栖息于低山的沼泽、湖滨、水库、江河岸边等地。食物以水生昆虫、软体动物、蠕虫等为主。营巢于山地岩石地面富有苔藓处；窝卵数4枚；卵灰黄色，具有赤褐色斑点与青灰色细斑，钝端有暗褐色线状纹。
留居类型： 旅鸟

长趾滨鹬　*Calidris subminuta*

分类地位： 鸻形目　鹬科
形态特征： 体长14cm。灰褐色滨鹬。上体具黑色粗纵纹，腿绿黄色。头顶褐色，白色眉纹明显。胸浅褐灰，腹白，腰部中央及尾深褐，外侧尾羽浅褐色。夏季鸟多棕褐色。冬季鸟与红颈滨鹬的区别在腿色较淡，与青脚滨鹬区别在上体具粗斑纹。飞行时可见模糊的翼横纹。
生态习性： 喜沿海滩涂、小池塘、稻田及其他的泥泞地带。单独或结群活动，常与其他涉禽混群。不似其他涉禽羞怯，有人迫近时常最后一个飞走。站姿比其他滨鹬直。
留居类型： 旅鸟

阔嘴鹬 *Calidris falcinellus*
国家二级保护野生动物

分类地位： 鸻形目 鹬科

形态特征： 体长17cm，为嘴下弯的鹬。特征为翼角常具明显的黑色块斑并具双眉纹。与黑腹滨鹬平滑下弯的嘴相比，阔嘴鹬的嘴具微小纽结，使其看似破裂。上体具灰褐色纵纹；下体白，胸具细纹；腰及尾的中心部位黑而两侧白。冬季与黑腹滨鹬区别在于眉纹叉开，腿短。与姬鹬易混淆，但嘴不如其直，肩部条纹不甚明显。虹膜褐色，嘴黑色，脚绿褐色。

生态习性： 性孤僻，喜潮湿的沿海泥滩、沙滩及沼泽地区，翻找食物时嘴垂直向下，遇警时蹲伏。

留居类型： 旅鸟

翻石鹬 *Arenaria interpres*
国家二级保护野生动物

分类地位： 鸻形目 鹬科

形态特征： 体长23cm。嘴、腿及脚均短，腿及脚为鲜亮的橘黄色。特征为头及胸部具黑色、棕色及白色的复杂图案，嘴形颇具特色。飞行时现翼上醒目的黑白色图案。虹膜褐色，嘴黑色，脚橘黄。

生态习性： 结小群栖于沿海泥滩、沙滩及海岸岩石上，有时在内陆或近海开阔处进食，通常不与其他种类混群。在海滩上翻动石头及其他物体找食甲壳类，奔走迅速。

留居类型： 旅鸟

黄脚三趾鹑 *Turnix tanki*

分类地位： 鸻形目 三趾鹑科
形态特征： 体长16cm，为一雌多雄类。体形似鹌鹑，上体大都具黑褐色与栗黄色相杂的羽色。
胸、两肋有黑褐色圆点。脚三趾，肉黄色。
生态习性： 常见于山坡灌丛、草原，偶尔到耕地，以植物种子和昆虫为食。
留居类型： 夏候鸟

红嘴鸥 *Chroicocephalus ridibundus*

分类地位： 鸻形目 鸥科
形态特征： 体长38cm。虹膜暗褐色；翼上面外侧缘白带较宽，翼下面初级飞羽几乎全部暗灰色，背、肩蓝灰色；颈、尾、下体白色。夏羽：头与颊、喉暗棕褐色，眼上下有半月形白斑，嘴角暗红色。冬羽：嘴红，末端黑色，眼前有暗色半月形斑，耳覆羽有暗斑，后颈淡灰近白。幼鸟羽似成鸟冬羽，但初级飞羽、三级飞羽和中小覆羽褐色，端缘白色，尾有黑色次端斑，嘴、脚暗肉色，嘴先端黑褐色。
生态习性： 沿海和内陆水域均常见，栖芦苇和其他水生植物丛生的湖泊、河流等处，三五只或几十只结群飞翔和游泳。食鱼类、甲壳类及蝼蛄、胡蜂、蝗虫、水生昆虫等。在水边地面或苇堆上营群巢。
留居类型： 夏候鸟

黑尾鸥 *Larus crassirostris*

分类地位： 鸻形目 鸥科
形态特征： 体长47cm。两翼长窄，上体深灰，腰白，尾白而具宽大的黑色次端带。冬季头顶及颈背具深色斑。合拢的翼尖上具四个白色斑点。第一冬的鸟多沾褐，脸部色浅，嘴粉红而端黑，尾黑，尾上覆羽白。第二年似成鸟但翼尖褐色，尾上黑色较多。虹膜黄色；嘴黄色，嘴尖红色，继以黑色环带；脚绿黄色。
生态习性： 繁殖于多岩岛屿。松散群栖。
留居类型： 旅鸟

普通海鸥 *Larus canus*

分类地位： 鸻形目 鸥科
形态特征： 体长45cm。腿及无斑环的细嘴绿黄色，尾白。初级飞羽羽尖白色，具大块的白色翼镜。冬季头及颈散见褐色细纹，有时嘴尖有黑色。第一冬的鸟尾具黑色次端带，头、颈、胸及两肋具浓密的褐色纵纹，上体具褐斑。第二年鸟似成鸟但头上褐色较深，翼尖黑。虹膜黄色，嘴绿黄色；脚绿黄色。
生态习性： 结群营巢在海岸、岛屿、河流岸边的地面或石滩上。每次产卵2~3个。雌雄轮流孵卵。以鱼、虾、蟹、贝为食。
留居类型： 旅鸟

黑嘴鸥 *Saundersilarus saundersi*
国家一级保护野生动物

分类地位： 鸻形目 鸥科
形态特征： 体长29~33cm。嘴黑色；脚红色，虹膜褐色，背、翼蓝灰色，颈、尾和下体纯白色，初级飞羽次端斑（翼上面）和内翈内缘（翼下面）黑色。夏羽：头与颏、喉黑色；眼上下有半月形白斑；冬羽：头白色，眼先、耳羽有褐色斑；枕、上颈杂灰色横带斑。幼鸟羽似成鸟冬羽，但三级飞羽和部分翼覆羽褐色；尾羽有黑色端斑，脚褐色，飞时现翼角以内（靠近翼前缘）和翼后缘各有一条褐色横带斑。
生态习性： 在海滨沼泽繁殖，集群营巢于泥质潮上带滩涂；以鱼类、甲壳类、水栖昆虫等为食。
留居类型： 旅鸟

北极鸥 *Larus hyperboreus*

分类地位： 鸻形目　鸥科

形态特征： 体长71cm，为翼白的鸥。腿粉红，嘴黄，看似健猛。背及两翼浅灰色，比中国任何其他鸥的色彩都浅许多。越冬成鸟头顶、颈背及颈侧具褐色纵纹。四年始为成鸟。第一冬鸟具浅咖啡奶色，逐年变淡；嘴粉红而具深色嘴端。虹膜黄色；嘴黄色，带红点；脚粉红。

生态习性： 单独或结群繁殖，喜群栖。沿海岸线取食，并在垃圾堆里找食。

留居类型： 旅鸟。

西伯利亚银鸥 *Larus vegae*

分类地位： 鸻形目　鸥科

形态特征： 体长62cm。嘴黄色，下嘴先端具有红色斑，脚粉红色，虹膜淡黄色。夏羽：眼周红色；背和翼蓝灰色，肩羽具有宽阔的白色羽端；翼端飞羽黑褐色，端斑白色；内侧飞羽灰色；翼下覆羽白色；余部纯白色。冬羽：头、颈具有黑褐色细纵纹。

生态习性： 栖息于河湖、沼泽以及海岸与小岛上。主要以鱼和水生无脊椎动物为食，也取食鼠类、蜥蜴、鸟卵和雏鸟及动物尸体。每年4—7月繁殖；营巢于海岸和海岛陡峭悬崖、湖心岛等；窝卵数2~3枚，偶见4枚；卵淡绿褐色、橄榄褐色或蓝色，具有暗色斑点；孵化期25—27天。

留居类型： 旅鸟

灰背鸥 *Larus schistisagus*

分类地位： 鸻形目　鸥科

形态特征： 体长61cm。嘴黄色，下嘴先端具有红色斑点；脚肉色；虹膜淡黄色。雌雄同色。背和翼灰黑色；次级飞羽的白色端斑宽大；尾白色；下体纯白色。冬羽：头、颈具有棕灰色细纵纹，眼周尤为密集。

生态习性： 栖息于海湾、港口、渔场，偶见于内陆湖泊。数量较少。以动物尸体、鱼、海鸟卵、软体动物、环节动物、甲壳类、昆虫为食。每年5—7月繁殖；营巢于海岛和海岸悬崖岩石上；窝卵2~3枚；卵橄榄绿色具有褐色斑点。

留居类型： 旅鸟

普通燕鸥 *Sterna hirundo*

分类地位： 鸻形目　鸥科
形态特征： 体长34cm。嘴、脚黑色，虹膜暗褐色。夏羽：头上和后颈黑色；背、肩、翼蓝灰色，颊、喉、前颈白色；胸以下淡灰或沾紫色；初级飞羽外翈银灰色（第一枚例外，为黑色）；次级飞羽内、外缘白色；腰、尾上覆羽，尾羽白色（有的外侧淡灰色），最外1对尾羽外侧暗灰色；停栖时翼端与尾端近平齐。冬羽：额白色或黑色杂白斑，下体全白色。幼鸟羽似成鸟冬羽，但背和翼覆羽，三级飞羽有内外镶白缘的黑褐色斑。
生态习性： 栖江河、湖泊、沼泽等水域。觅食时悬停在空中，频频振动双翅，发现食物即直投水中捕食。食物以鱼为主，也吃其他水生动物和昆虫。在湖中岛上或岸边沙滩上、石砾上营群巢。
留居类型： 夏候鸟

白额燕鸥 *Sternula albifrons*

分类地位： 鸻形目　鸥科
形态特征： 体长25cm。夏羽：嘴黄色，先端黑色；脚橙黄色；虹膜褐色；额白色；眼先黑斑连于头顶、后颈黑斑；背、肩、翼淡蓝灰色；腰、尾上覆羽和铗尾白色；最外侧两枚初级飞羽外侧黑灰色，其余飞羽淡蓝灰色，内侧羽缘白色，下体白色。冬羽大致似夏羽，但嘴为黑色；脚黄褐色；头顶白色斑而后扩大，逐渐过渡为黑斑（黑斑较夏羽变狭）。幼鸟羽似成鸟冬羽，但背、翼杂褐色斑和淡色羽缘斑。
生态习性： 在江河、湖泊等水域觅食，以鱼类、甲壳类、昆虫为主要食物。常与浮鸥、普通燕鸥等一起在沙滩上或沼泽地水草上营巢繁殖。
留居类型： 夏候鸟

白翅浮鸥 *Chlidonias leucopterus*

分类地位： 鸻形目 鸥科

形态特征： 体长23cm。无亚种分化。夏羽：嘴暗红色；脚红色；虹膜褐色；头至颈、背、胸、腹皆黑色；翼灰色，小覆羽白色；肩羽和三级飞羽暗灰色；腰至尾白色，羽端沾灰色；翼下面覆羽黑色，飞羽白色。冬羽：嘴黑色；脚暗红色；头、颈和胸以下皆白色；头顶至后颈黑色与眼后方黑斑相连（耳羽黑色，有别于须浮鸥冬羽）；背灰褐色；腰和尾上覆羽白色。幼鸟羽似成鸟冬羽，但背部褐色较浓。

生态习性： 栖淡水域，常数十只集群在水面上空飞翔，有时与其他鸥类混群，对进入巢区的鹰和人常群起而攻之；空中觅食时，嘴尖向下，频频鼓动双翼，在水面、草地、农田、公路上空发现食物即直下捕食；筑巢在苇捆上、密集的水草上或漂筏上。

留居类型： 夏候鸟

灰翅浮鸥 *Chlidonias hybrida*

分类地位： 鸻形目 鸥科

形态特征： 体长23~29cm。虹膜褐色，雌雄同色。夏羽：嘴暗红色；脚红色；额、头顶黑色；喉、颊白色，眼下白色；背、肩、翼、尾青灰色；初级飞羽银灰色；胸部至腹部由青灰色转黑色；两胁灰白色；尾呈浅叉状，最外侧尾羽翈灰白色，尾下覆羽白色。冬羽：嘴、脚暗色；额白色；头顶具有黑色纵纹；枕黑色，与黑色贯眼纹相连；背淡灰色；下体白色。幼鸟：额前部黑褐色，头顶白色沾灰色，背部褐色较浓；后胸、腹浅灰白色。

生态习性： 栖息于淡水域。多以鱼类和水生昆虫为食。每年繁殖一窝，5月末或6月初营巢；窝卵数2~4枚，以3枚最为常见；卵淡蓝色密布褐色斑；孵化期19—23天。每年5月迁至，9月下旬迁离。

留居类型： 夏候鸟

黑喉潜鸟 *Gavia arctica*

分类地位： 潜鸟目　潜鸟科

形态特征： 体长68cm。繁殖羽：头灰色，喉及前颈闪辉墨绿色，上体黑色具白色方形横纹，颈侧及胸部具黑白色细纵纹；与太平洋潜鸟区分较难，区别仅在喉块为闪辉绿色而非闪辉紫色。非繁殖羽：下体白色上延及颈侧、颏及脸下部，两胁白色斑块明显；与红喉潜鸟的区别在头较大而颈显粗，嘴较厚而平端，且上体缺少白色斑纹。第一冬的鸟上体具白色鳞状纹。虹膜红色，嘴灰黑，脚黑色。叫声似打鼾声。

生态习性： 单独在淡水域繁殖，冬季常成散群在沿海越冬。

留居类型： 旅鸟

东方白鹳 *Ciconia boyciana*
国家一级保护野生动物

分类地位： 鹳形目 鹳科

形态特征： 体长120cm。嘴黑；脚红；虹膜白；眼周皮肤红色；飞羽黑，次级飞羽外翈和内侧、初级飞羽外翈大部银灰；小翼羽和肩羽局部或全部黑；余羽白。

生态习性： 成鸟不鸣叫，发怒时会发出"唑"声，求偶时上下嘴相击能发出"嗒嗒"响声；飞时鼓翼徐缓，常翱翔；在浅水处觅食；在树上或大铁架子上营巢，树枝为巢材，内垫茅草，有的利用旧巢，通常巢外径137cm；窝卵4枚，卵大小77.5mm×59mm，重145~152g。

留居类型： 夏候鸟

黑鹳　*Ciconia nigra*
国家一级保护野生动物

分类地位： 鹳形目　鹳科

形态特征： 体长97cm。嘴、脚和眼周朱红，虹膜暗褐；头、颈、背、翼、尾黑褐闪紫（绿）辉，下胸、腹、胁白。幼鸟嘴、脚绿灰，颈和翼有污白点斑，脚橙红。

生态习性： 栖林间或岩壁上；成鸟不鸣叫；单只或成对活动，在山溪、湖泊或湿地上觅食；性机警；飞时头颈前伸，两脚并拢后伸过尾；峭壁平台上营巢，有的沿用旧巢，巢材为粗树枝，内垫苔藓，杂少量干草；窝卵3枚，椭圆形，乳白色，杂浅橙黄隐色块斑；卵重66~68g，大小（49~50）mm×（65~67）mm。

留居类型： 旅鸟

普通鸬鹚 *Phalacrocorax carbo*

分类地位： 鲣鸟目　鸬鹚科

形态特征： 体长84cm。眼绿色；嘴上黑下灰，下嘴羽区前缘在嘴角之后。夏羽：体黑，闪紫绿辉；头和颈杂白丝羽；背、肩和翼上覆羽铜褐色；羽缘蓝黑色；初级飞羽黑色；次级和三级飞羽灰褐色；下肋有白斑。冬羽：头颈白丝羽、冠羽和白肋斑均消失。幼鸟褐色，下体杂白斑或近全白。

生态习性： 栖静水或稳水域，沿海较多；主要以鱼类为食；善潜水，站立时尾着地支撑，两性参加营巢，也用旧巢；卵重54g，大小为66.8mm×40.3mm，两次孵卵和育雏，约28天出雏，雏47~60日离巢。

留居类型： 夏候鸟

白琵鹭 *Platalea leucorodia*
国家二级保护野生动物

分类地位： 鹈形目　鹮科

形态特征： 体长86cm。嘴、脚黑，嘴端黄；虹膜暗黄或暗红；嘴形直，前端平扁呈板匙状；羽色全白；眼与嘴基黑斑之间有一条黑线。夏羽：冠羽和上胸黄。冬羽：全白，冠羽变小。幼鸟全白，无冠羽；嘴肉黄；最外1~4枚飞羽端黑褐，内侧各飞羽基部渲染灰褐色，余飞羽、初级覆羽、大覆羽羽轴黑色。

生态习性： 常与白鹭、草鹭、苍鹭等结群飞行、觅食和混合营巢；常双腿或单腿逆风长时间呆立于草丛或溪沟边，头插入肩羽中。集群繁殖，巢区多选在常年积水、人迹罕至的苇塘深处漂筏上，巢外径67cm，内径34cm；窝卵3~5枚，白色或微具褐斑，大小70.0mm×48.2mm，卵重83.8g。

留居类型： 夏候鸟

紫背苇鳽　*Ixobrychus eurhythmus*

分类地位：　鹈形目　鹭科
形态特征：　体长33cm，体深褐色。雄鸟头顶黑色，上体紫栗色，下体具皮黄色纵纹，喉及胸有深色纵纹形成的中线。雌鸟及亚成鸟褐色较重，上体具黑白色及褐色杂点，下体具纵纹。飞行时翼下灰色为其特征。虹膜黄色，嘴绿黄色，脚绿色。
生态习性：　性孤僻羞怯。喜芦苇地、稻田及沼泽地。
留居类型：　夏候鸟

大麻鳽　*Botaurus stellaris*

分类地位：　鹈形目　鹭科
形态特征：　体长60cm。嘴褐黄；脚黄绿；虹膜黄色；除头上黑褐外，全体棕黄杂棕褐、黑褐斑纹；头侧、颈侧有细横斑，颏、喉有一条棕褐纵纹，至胸变成数条粗纵纹；肩和背主黑褐色。
生态习性：　栖息在河流、湖泊和沼泽的苇丛或草地上；夜行性；繁殖季发出"哞"叫声；受惊则嘴、颈上伸，散开颈部长羽，似枯苇叶；常独立浅水中，摄食鱼、虾、软体动物、蝌蚪和昆虫等；在沼泽中折弯芦苇营巢，巢圆盘状；窝卵4~6枚，卵褐绿色，大小为（37.5~38）mm×（49~53）mm，孵化期25天左右。
留居类型：　夏候鸟

黄斑苇鳽 *Ixobrychus sinensis*

分类地位： 鹈形目 鹭科
形态特征： 体长32cm，体皮黄色与黑色相杂。成鸟顶冠黑色，上体淡黄褐色，下体皮黄，黑色的飞羽与皮黄色的覆羽形成强烈对比。亚成鸟似成鸟但褐色较浓，全身满布纵纹，两翼及尾黑色。虹形膜黄色，眼周裸露皮肤黄绿色；嘴绿褐色；脚黄绿色。
生态习性： 喜河湖港汉地带的河流及水道边的浓密芦苇丛，也喜稻田。
留居类型： 夏候鸟

黄嘴白鹭 *Egretta eulophotes*
国家一级保护野生动物

分类地位： 鹈形目　鹭科

形态特征： 体长68cm，体白色。腿偏绿色，嘴黑而下颌基部黄色。冬季与白鹭区别在体形略大，腿色不同；与浅色型岩鹭的区别在腿较长，嘴色较暗。繁殖羽时嘴黄色，腿黑色。繁殖期脸部裸露皮肤蓝色。虹膜黄褐；嘴黑色，下基部黄色；脚黄绿至蓝绿色。

生态习性： 栖息于沿海岛屿、海岸、海湾、河口及其沿海附近的江河、湖泊、水塘、溪流、水稻田和沼泽地带。

留居类型： 夏候鸟

夜鹭　*Nycticorax nycticorax*

分类地位： 鹈形目　鹭科

形态特征： 体长61cm，体黑、白色，头大而体壮。成鸟顶冠黑色，颈及胸白，颈背具两条白色丝状羽，背黑，两翼及尾灰色。雌鸟体形较雄鸟小。繁殖期腿及眼先呈红色。亚成鸟具褐色纵纹及点斑。虹膜亚成鸟黄色，成鸟鲜红；嘴黑色；脚污黄。

生态习性： 白天群栖于树上休息。黄昏时鸟群分散进食，发出深沉的呱呱叫声。取食于稻田、草地及水渠两旁。结群营巢于水上悬枝，甚喧哗。

留居类型： 夏候鸟

苍鹭　*Ardea cinerea*

分类地位： 鹈形目　鹭科

形态特征： 体长93cm。成鸟：过眼纹及冠羽黑色，4根细长的羽冠分为两条位于头顶和枕部两侧，状若辫子。飞羽、翼角及两道胸斑黑色，头、颈、胸及背白色，颈具黑色纵纹，余部灰色。幼鸟：头及颈灰色较重，但无黑色。

生态习性： 栖息于江河、溪流、湖泊、水塘、海岸等水域岸边及其浅水处。主要以小型鱼类、泥鳅、虾等水生动物为食。常单独在水边站立不动。叫声粗而高。冬时节常成对或小群活动。迁徙时集成大群。

留居类型： 夏候鸟

草鹭　*Ardea purpurea*

分类地位： 鹈形目　鹭科

形态特征： 体长80cm。顶冠黑色并具两道饰羽，颈棕色且颈侧具黑色纵纹。背及覆羽灰色，飞羽黑，其余体羽红褐色。

生态习性： 喜稻田、芦苇地、湖泊及溪流。性孤僻，常单独在浅水中捕食，多以水生动物、昆虫为食。结大群营巢。4月下旬开始产卵，每窝产卵3~6枚，孵化器25天。留巢期42天。

留居类型： 夏候鸟

大白鹭　*Ardea alba*

分类地位： 鹈形目　鹭科

形态特征： 体长91cm。虹膜黄色；体羽全白色。冬夏羽均无冠羽；颈、脚甚长，脚黑色；翼长大于40cm。夏羽：嘴黑色，眼先裸区蓝绿色，背及前颈下有蓑羽。冬羽：嘴和眼先同为黄色，无蓑羽。

生态习性： 栖芦苇、池塘沿岸或沼泽湿地，常与其他鹭类混群；食鱼为主，也食甲壳类、软体动物等；大树上或芦苇丛中营群巢，甚至与其他鹭类混群营巢，以枯枝、芦苇及其他杂草为巢材；窝卵多为4枚，卵大小（51.1~60.0）mm×（34.0~40.5）mm，卵重29~31g；孵化期25天；留巢期30天。

留居类型： 夏候鸟

牛背鹭 *Bubulcus coromandus*

分类地位： 鹈形目　鹭科
形态特征： 体长50cm。繁殖羽：体白，头、颈、胸沾
橙黄；虹膜、嘴、腿及眼先短期呈亮红色，
余时橙黄。非繁殖羽：体白，仅部分鸟额部
沾橙黄。与其他鹭的区别在体形较粗壮，颈
较短而头圆，嘴较短厚。虹膜黄色，嘴黄
色，脚暗黄至近黑。
生态习性： 与牛关系密切，捕食牛从草地上引来或惊起
的昆虫。傍晚小群列队低飞过有水地区回到
群栖地点。结群营巢于水上方。
留居类型： 夏候鸟

绿鹭 *Butorides striata*

分类地位： 鹈形目　鹭科
形态特征： 体长43cm，体深灰色。成鸟顶冠及松软的
长冠羽闪绿黑色光泽，一道黑色线从嘴基
部过眼下及脸颊延至枕后；两翼及尾青蓝色
并具绿色光泽，羽缘皮黄色；腹部粉灰，颏
白。雌鸟体形比雄鸟略小，虹膜黄色，嘴黑
色，脚偏绿。
生态习性： 栖于池塘、溪流及稻田，也栖于芦苇地、
灌丛或红树林等有浓密植被植被覆盖的地
方。结小群营巢。
留居类型： 夏候鸟

鹗　　*Pandion haliaetus*
国家二级保护野生动物

分类地位： 鹰形目　鹗科
形态特征： 体长55cm。头及下体白色，特征为具黑色贯眼纹。上体多暗褐色，深色的短冠羽可竖立。亚种区别在头上白色及下体纵纹多少。虹膜黄色，嘴黑色，蜡膜灰色，裸露跗跖及脚灰色。
生态习性： 捕鱼之鹰，从水上悬枝深扎入水捕食猎物，或在水上缓慢盘旋或振羽停在空中然后扎入水中。
留居类型： 夏候鸟

秃鹫　*Aegypius monachus*
国家一级保护野生动物

分类地位： 鹰形目　鹰科
形态特征： 体长100cm。大型猛禽，体羽主要是褐色，飞羽和尾部更黑，领部淡褐而近白色。头部为绒羽，颈后部分裸秃；胸前密被以毛状绒羽，两侧各有明显的一束蓬松的矛状长羽。
生态习性： 栖息于高山，或在草原等上空翱翔。主要以动物尸体为食，有时也捕食小型兽类、两栖类等。进食尸体时优先于其他鹫类。常与高山兀鹫混群。高空翱翔可达几小时。
留居类型： 留鸟

白肩雕 *Aquila heliaca*
国家一级保护野生动物

分类地位： 鹰形目　鹰科

形态特征： 体长75cm。嘴黑色，基部带蓝色；趾和蜡膜黄色。雌雄体羽相似，雌鸟紫色光泽不显著，体形较大。成体全身黑褐色；肩有白色羽；背、腰和尾上覆羽黑褐色；翅的下面暗褐色；胸、腹、胁均黑褐色；尾灰色或灰褐色，近端处有宽阔黑色带斑；尾下覆羽淡黄褐色；腿覆羽黑褐色。

生态习性： 栖息于森林和草原，大多数在阔叶林和混交林中生活，有时也生活在平原、丘陵、河流和湿地。以中型和小型兽类和鸟类为食，也吃动物尸体。每年3—5月繁殖；营巢于密林或林缘等乔木或悬崖峭壁上；每年繁殖1窝，窝卵数2~3枚；卵灰白色，具有少量淡红褐色斑点；孵化期43—45天；育雏期50—60天。

留居类型： 旅鸟

乌雕　*Clanga clanga*

国家一级保护野生动物

分类地位： 鹰形目　鹰科

形态特征： 体长70cm。全深褐色，尾短，蜡膜及脚黄色。体羽随年龄及不同亚种而有变化。幼鸟翼上及背部具明显的白色点斑及横纹。所有型的羽衣其尾上覆羽均具白色的"U"形斑，飞行时从上方可见。

生态习性： 栖于近湖泊的开阔沼泽地区，迁徙时栖于开阔地区。食物主要为青蛙、蛇类、鱼类及鸟类。

留居类型： 旅鸟

金雕 *Aquila chrysaetos*
国家一级保护野生动物

分类地位： 鹰形目 鹰科
形态特征： 体长90cm。头顶黑褐；颈暗赤褐色，具黑色纤细羽干纹，羽端淡；上体暗赤褐色，羽基白色；下体黑褐，尾羽尖端四分之一为黑色，其他灰褐色。
生态习性： 栖于崎岖干旱平原、岩崖山区及开阔原野，捕食雉类及其他哺乳动物。随暖气流做壮观的高空翱翔。性猛力强，捕食野兔、雉等鸟兽。
留居类型： 留鸟

日本松雀鹰 *Accipiter gularis*
国家二级保护野生动物

分类地位： 鹰形目 鹰科

形态特征： 体长27cm。嘴蓝灰色，嘴短，尖端黑色；蜡膜、
虹膜和脚黄色。雌雄异色。雄鸟：成鸟上体石板
黑色；颏、喉白色，中央贯以显著的黑色纵纹；
胸、腹灰白色，略带淡乳黄色；翼下覆羽和腋羽
具有淡乳黄色和灰褐色横斑；尾羽灰褐色，具有
暗色横斑，并具有宽的暗黑色次端斑。雌鸟：上
体体色较雄鸟淡；背部多为褐色，胸、腹及两胁
和覆腿羽具有清晰的棕褐色横斑。幼鸟上体似雌
鸟，但下体斑纹较雌鸟显著。

生态习性： 栖息于森林中。常在针阔混交林中单独活动，也
多到林缘或疏林中。食小鸟、鼠和昆虫。每年5—
7月繁殖；营巢于松树、大青杨等乔木上；每年繁
殖1窝，窝卵数5~6枚；卵苍蓝色，具有赤褐色小
斑纹。每年4月下旬到5月初迁至，9月下旬迁离。

留居类型： 夏候鸟

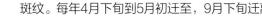

雀鹰　*Accipiter nisus*
国家二级保护野生动物

分类地位： 鹰形目　鹰科

形态特征： 体长32~38cm。雄鸟：上体褐灰，白色的下体上多具棕色横斑，尾具横带；脸颊棕色为识别特征。雌鸟：体形较大，上体褐，下体白，胸、腹及腿上具灰褐色横斑；无喉中线；脸颊棕色较少。亚成鸟与*Accipiter*属其他鹰类的亚成鸟区别在于胸部具褐色横斑而无纵纹。

生态习性： 从栖处伏击捕食，喜林缘或开阔林区。

留居类型： 夏候鸟

苍鹰　*Accipiter gentilis*
国家二级保护野生动物

分类地位： 鹰形目　鹰科

形态特征： 体长50cm。跗跖前后缘均具盾状鳞。头灰黑背部苍灰色，有明显白色眉斑，下体白色杂有暗灰色小横斑和近黑色羽干纹。

生态习性： 栖于山地森林中，善于捕食小型兽类如野兔、野鼠等。

留居类型： 留鸟

凤头蜂鹰　*Pernis ptilorhynchus*
国家二级保护野生动物

分类地位： 鹰形目　鹰科

形态特征： 体长58cm。头顶黑褐色，具短羽冠；眼先及眼周被短而圆的鳞状羽，呈褐色；背及翼上覆羽暗褐色，大多羽端白色；下体棕褐，有黑褐条纹，并具白色横斑；尾灰褐色，具有三条黑色宽带斑及若干灰白色波状斑纹。

生态习性： 飞行具特色，振翼几次后便做长时间滑翔，两翼平伸翱翔高空。有偷袭蜜蜂及黄蜂巢的怪习。

留居类型： 夏候鸟

白腹鹞 *Circu spilonotus*
国家二级保护野生动物

分类地位： 鹰形目　鹰科

形态特征： 体长53cm。嘴黑，脚黄；蜡膜、虹膜全黄。雄
鸟：头至背、前颈和上胸黑，背杂白点斑；尾上
覆羽白杂褐斑；尾银灰；翼主银灰，仅中、小覆羽
黑，杂白点斑；下胸以后和翼下覆羽白或杂细纹；
翼端飞羽黑，杂白横斑；翼下次级飞羽有次端黑
横斑。雌鸟：头、颈、胸棕褐，杂棕白羽缘斑；背
褐，腹以下和翼下覆羽棕褐，杂棕白羽缘斑，飞羽
暗褐，翼端飞羽下面显褐横斑；尾上覆羽棕褐杂
白；尾棕灰，有5条褐横斑。

生态习性： 栖沼泽地。常低空盘旋觅食；在湿地、旱地营巢，
边孵卵边修巢，甚至雏出壳时巢才最后成形；育雏
期获取食物困难时，亲鸟会将奄奄一息的弱雏撕碎
喂给其他雏鸟。

留居类型： 夏候鸟

♀

白头鹞 *Circus aeruginosus*
国家二级保护野生动物

分类地位： 鹰形目　鹰科

形态特征： 体长53cm。雌雄异色。雄鸟：成体上体大都黑褐色，头、颈具有白色斑；次级飞羽和尾羽银灰色，下体白色，具有褐色纵纹；飞行时，可见初级飞羽具有黑色横带，翅下白色。雌鸟：成体体形较大；上体灰褐色，头和颈棕黄色，具有褐色纵纹；尾上覆羽白色，尾羽具有棕色和褐色相间的横斑；下体棕褐色，具有暗褐色纵纹。

生态习性： 栖息于河流、湖泊岸边和沼泽地带。主要食物是鼠类和小型鸟类，如鹀、田鹨、云雀、环颈雉等，也吃蛙、鱼和昆虫等。筑巢在芦苇丛、湿地和干旱地面；每年繁殖1窝，窝卵数4~5枚；卵青色或青白色；孵化期28—36天；育雏期35—40天。

留居类型： 夏候鸟

♀

白尾鹞 *Circus cyaneus*
国家二级保护野生动物

分类地位： 鹰形目　鹰科
形态特征： 体长50cm。嘴黑，基部沾蓝，蜡膜绿黄，脚黄，虹膜黄色。雄鸟：头、颈、背、上胸灰，尾上覆羽、下胸至尾下覆羽白；飞时可见大覆羽、次级飞羽及内侧初级飞羽灰白，中、小覆羽褐灰，翼端黑，翼下面除翼端黑、翼后缘灰褐外，概白，滑翔时翼上举成"V"形。雌鸟：头、颈、翼覆羽和胸以下橙黄或棕白，杂褐（或棕）纵纹，上体余部褐，尾上覆羽白，尾有4条黑褐横斑；下体和翼下覆羽明显沾黄。
生态习性： 栖沼泽、草原、农田，地面巢，在苇塘以苇茎、叶筑巢，食小兽、雏鸟、蛙和昆虫等。
留居类型： 夏候鸟

鹊鹞　*Circus melanoleucos*
国家二级保护野生动物

分类地位： 鹰形目　鹰科
形态特征： 体长42cm。嘴黑，基部沾蓝，蜡膜绿黄；脚橙黄；虹膜黄。雄鸟：上体和三级飞羽黑，并向两侧伸至翼角，翼端黑，小覆羽白或杂灰；尾上覆羽白，尾银灰；大覆羽及大部分飞羽银灰；下体和翼下除颏至上胸和翼端黑色外皆白。雌鸟：似白尾鹞雌鸟，但下体灰白杂棕褐纵纹，翼下覆羽亦无黄。幼鸟：上体棕褐，翼下覆羽和下体栗棕色。
生态习性： 栖沼泽、山脚林缘等开阔地，常近地面旋飞捕食。地面巢，营筑在草丛、灌丛、沼泽苇丛中。
留居类型： 夏候鸟

黑鸢 *Milvus migrans*
国家二级保护野生动物

分类地位： 鹰形目 鹰科
形态特征： 体长55cm。上体暗褐杂以棕白色。耳羽黑褐色，所以还叫"黑耳鸢"；下体大部分为灰棕色带黑褐色纵纹，翼下具白斑，尾叉状，与其他猛禽易别。
生态习性： 常在山地、城乡上空翱翔；以啮齿动物为食，偶尔也袭击家禽。
留居类型： 夏候鸟

鹰雕 *Nisaetus nipalensis*
国家二级保护野生动物

分类地位： 鹰形目　鹰科

形态特征： 体长74cm。腿被羽，翼甚宽，尾长而圆，具长冠羽。有深色及浅色型。深色型：上体褐色，具黑及白色纵纹及杂斑；尾红褐色，有几道黑色横斑；颏、喉及胸白色，具黑色的喉中线及纵纹；下腹部、大腿及尾下棕色而具白色横斑。浅色型：上体灰褐；下体偏白，有近黑色过眼线及髭纹。虹膜黄至褐色；嘴偏黑，蜡膜绿黄；脚黄色。

生态习性： 喜森林及开阔林地。从栖处或飞行中捕食。罕见留鸟于中国东南部。见于三江平原、大兴安岭、小兴安岭及东部山区，数量稀少。

留居类型： 夏候鸟

玉带海雕 *Haliaeetus leucoryphus*
国家一级保护野生动物

分类地位： 鹰形目　鹰科

形态特征： 体长80cm。展翅达2m，跗跖前缘具盾状鳞，后绕网状鳞或不规则的盾状鳞；爪的底面具沟；上体暗褐色，下体棕褐色；尾具白色宽斑，尾尖黑色。

生态习性： 常在开阔地活动，以小型兽类、鸟类、鱼类等为食。

留居类型： 旅鸟

白尾海雕 *Haliaeetus albicilla*
国家一级保护野生动物

分类地位： 鹰形目　鹰科

形态特征： 体长85cm。头及胸浅褐，嘴黄而尾白。翼下近黑的飞羽与深栗色的翼下成对比。嘴大，尾短呈楔形。飞行似鹫。与玉带海雕的区别在尾全白。幼鸟胸具矛尖状羽但不成翎，颌如玉带海雕。体羽褐色，不同年龄具不规则锈色或白色点斑。

生态习性： 显得懒散，蹲立不动可达几小时。飞行时振翅甚缓慢。高空翱翔时两翼弯曲略向上扬。

留居类型： 旅鸟

亚成体

虎头海雕 *Haliaeetus pelagicus*
国家一级保护野生动物

分类地位： 鹰形目　鹰科
形态特征： 体长100cm，体黑色。翼上覆羽、腰、臀及楔尾均白。亚成鸟深灰褐色，尾近白，边缘灰色，翼上有浅色斑纹。似白尾海雕，但黄色的嘴特大。虹膜褐色，脚黄色。
生态习性： 冬季成群活动。主要从海面上捕食鱼类。
留居类型： 旅鸟

亚成体

灰脸鵟鹰 *Butastur indicus*
国家二级保护野生动物

分类地位： 鹰形目　鹰科
形态特征： 体长45cm，体偏褐色。颏及喉呈明显白色，
具黑色的顶纹及髭纹；头侧近黑；上体褐色，
具近于黑色的纵纹及横斑；胸褐色而具黑色细
纹。下体余部具棕色横斑而有别于白眼鵟鹰。
尾细长，平形。虹膜黄色；嘴灰色，蜡膜黄
色；脚黄色。
生态习性： 栖于高可至海拔1500m的开阔林区。飞行缓慢
沉重，喜从树上栖处捕食。
留居类型： 夏候鸟

普通鵟 *Buteo japonicus*
国家二级保护野生动物

分类地位： 鹰形目　鹰科

形态特征： 体长51cm。上体深红褐色，脸侧皮黄具近红色细纹，栗色的髭纹显著；下体偏白，上具棕色纵纹，两胁及大腿沾棕色。飞行时两翼宽而圆，初级飞羽基部具特征性白色块斑。尾近端处常具黑色横纹。在高空翱翔时，两翼略呈"∨"形。

生态习性： 常在田野上空翱翔，落在高树或电线杆上。主食鼠类。

留居类型： 夏候鸟

毛脚鵟 *Buteo lagopus*
国家二级保护野生动物

分类地位： 鹰形目 鹰科

形态特征： 体长54cm。似普通鵟但尾内侧白色，翼角具黑斑，头色浅。有些浅色型普通鵟的尾也色浅，但翼下色也浅。毛脚鵟的深色两翼与浅色尾形成较强对比。初级飞羽基部较普通鵟白，与黑色翼角斑形成对比。雌鸟及幼鸟的浅色头与深色胸形成对比。幼鸟飞行时翼下黑色后缘较少。成年雄鸟头部色深，胸色浅。跗骨被羽。

生态习性： 栖息于稀疏的针、阔混交林和原野、耕地等开阔地带，并常和普通鵟一起活动。毛脚鵟在繁殖期主要栖息于靠近北极地区，是较为耐寒的苔原针叶林鸟类，因此具有丰厚的羽毛覆盖脚趾。主要以田鼠等小型啮齿类动物和小型鸟类为食，也捕食野兔、雉鸡、石鸡等动物。

留居类型： 冬候鸟

大鵟 *Buteo hemilasius*
国家二级保护野生动物

分类地位： 鹰形目　鹰科
形态特征： 体长70cm。有几种色型。似棕尾鵟但体形较大，尾上偏白并常具横斑，腿深色，次级飞羽具清楚的深色条带。浅色型具深棕色的翼缘，深色型初级飞羽下方的白色斑块比棕尾鵟小。尾常为褐色而非棕色。
生态习性： 强健有力，能捕捉野兔及雪鸡。据报道它还能杀死绵羊。
留居类型： 留鸟

雕鸮　*Buto buto*
国家二级保护野生动物

分类地位： 鸮形目　鸱鸮科

形态特征： 大型鸮类，体长近70cm。背部羽毛暗褐带黄色斑纹；下体棕色；胸部具粗的黑褐色羽干纹，两侧有黑褐色条状细纹；下肢中央纯棕色；脚羽、尾下覆羽棕，微具细横斑；耳状羽突长，可达55mm，外黑内棕。叫声为沉重的"poop"声。嘴叩击出"嗒嗒"声。

生态习性： 平时栖息于山地林间；冬迁平原，到城乡居民区。昼伏夜出。主要以啮齿类为食，白天出现时总是在被乌鸦及鸥类围攻。处于警情中的鸟会做出两翼弯曲头朝下低的姿态。飞行迅速，振翅幅度小。

留居类型： 留鸟

红角鸮 *Otus sunia*
国家二级保护野生动物

分类地位： 鸮形目　鸱鸮科
形态特征： 体长18cm。体较小。上体包括两翼和尾的表面大多灰褐色，布满黑褐色虫状细纹；头顶至背杂以棕白色点斑；具长形耳羽，羽基棕色，羽端同头顶；面盘呈灰褐色，密杂以纤细黑纹；下体灰白，密杂以暗褐色纤细横斑及黑褐色更粗的羽干纹，并有栗棕色；腹白；尾下覆羽白色，各羽有一棕色块斑；腿羽淡棕而密杂以褐斑。
生态习性： 昼伏阔叶林中，夜出捕食，喜吃昆虫如金龟子等。
留居类型： 夏候鸟

北领角鸮 *Otus semitorques*
国家二级保护野生动物

分类地位： 鸮形目　鸱鸮科
形态特征： 比红角鸮大些，体长20cm。上体及两翅表面大抵褐色，各羽具黑褐色羽干纹，布满黑褐色的虫状细斑，并伴有棕白色眼斑，这些眼斑在后颈处特大且多，因而形成一个不完整的半领圈。叫声：雄鸟发出轻柔的升调"woop"声，及一连串间隔一秒钟的粗哑叫声。雌鸟叫声较尖而颤，为降调的"wheoo"或"pwok"声，每分钟约五次，也发轻柔的吱吱声。雄雌鸟常成双对唱。

生态习性： 大部分夜间栖于低处。繁殖季节叫声哀婉。从栖处跃下地面捕捉猎物。
留居类型： 留鸟

灰林鸮 *Strix nivicolum*
国家二级保护野生动物

分类地位： 鸮形目　鸱鸮科
形态特征： 体长43cm，偏褐色。无耳羽簇，通体具浓红褐色的杂斑及棕纹，但也见偏灰个体。每片羽毛均具复杂的纵纹及横斑。上体有些许白斑，面庞之上有一偏白的"V"形。虹膜深褐，嘴黄色，脚黄色。
生态习性： 夜行性，白天通常在隐蔽的地方睡觉。有时被小型鸣禽发现和围攻。在树洞营巢。
留居类型： 留鸟

长尾林鸮 *Strix uralensis*
国家二级保护野生动物

分类地位： 鸮形目　鸱鸮科
形态特征： 体长54cm，灰褐色。眼暗色，面庞宽而呈灰色。下体皮黄灰色，具深褐色粗大纵纹，两胁横纹不明显。上体深褐色，具近黑色纵纹和棕红色及白色的点斑，眉偏白，两翼及尾具横斑。较灰林鸮为大。虹膜褐色；嘴橘黄；脚被羽，具皮黄色及灰色横斑。
生态习性： 栖于针叶林。于近巢区内具攻击性。基本为夜行性。
留居类型： 留鸟

长耳鸮 *Asio otus*
国家二级保护野生动物

分类地位： 鸮形目　鸱鸮科

形态特征： 体长36cm，皮黄色。面庞缘以褐色及白色，具两只长长的"耳朵"（通常不可见）。眼红黄色，显呆滞。嘴以上的面庞中央部位具明显白色X图形。上体褐色，具暗色块斑及皮黄色和白色的点斑。下体皮黄色，具棕色杂纹及褐色纵纹或斑块。与短耳鸮的区别在于耳羽簇较长；脸上白色的"X"形图纹较明显；下胸及腹部细纹较少；飞行时翼端较细及褐色较浓，且翼下白色较少。虹膜橙黄，嘴角质灰色，脚偏粉。

生态习性： 营巢于针叶林中的树洞或利用乌鸦旧巢。夜行性。两翼长而窄，飞行从容，振翼如鸥。

留居类型： 留鸟

短耳鸮 *Asio flammeus*
国家二级保护野生动物

分类地位： 鸮形目 鸱鸮科
形态特征： 体长34~42cm。上体棕黄色，各羽具黑褐色羽干纹，羽端两侧转白，而缀以黑褐色细斑。初级飞羽大都黑褐，基部具棕色横斑，羽端横斑部转为灰褐而缀以黑色细点。尾羽基棕端转为灰褐，均具黑褐横斑，斑间具同色状纹斑。颏白，下体棕黄；具黑褐色有横枝的干纹；下腹中央棕白无斑；尾下覆羽棕白，较长者有褐色羽干纹。
生态习性： 喜有草的开阔地，栖息于农村乔木上，以鼠类为食。
留居类型： 留鸟

纵纹腹小鸮 *Athene noctua*
国家二级保护野生动物

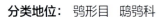

分类地位：　鸮形目　鸱鸮科

形态特征：　体形似红角鸮，体长22cm。无明显的面盘和耳羽。体羽大都暗沙褐；背羽具白斑。圆形鼻孔在蜡膜前。翅圆，第三枚初级飞羽最长，跗跖被羽达趾，趾上盖以针状羽。飞羽褐色，外有棕色斑；颈侧有一道褐带，向前至胸部彼此相连接；下体棕白，胸和胁有显著的褐色纵纹。

生态习性：　栖息于乔木上，以鼠类为食。矮胖而好奇，常神经质地点头或转动。有时以长腿高高站起。快速振翅做波状飞行。常立于篱笆及电线上。能徘徊飞行。

留居类型：　留鸟

日本鹰鸮 *Ninox japonica*
国家二级保护野生动物

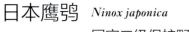

分类地位：　鸮形目　鸱鸮科

形态特征：　体长30cm，大眼睛的深色似鹰样鸮鸟。面庞上无明显特征。上体深褐；下体皮黄，具宽阔的红褐色纵纹；臀、颏及嘴基部的点斑均白。虹膜亮黄；嘴蓝灰，蜡膜绿色；脚黄色。

生态习性：　性格活跃，黄昏前活动于林缘地带，飞行追捕空中昆虫。有时以家庭为群围绕林中空地一起觅食。不时鸣叫，尤其是月悬空中时。

留居类型：　留鸟

戴胜　*Upupa epops*

分类地位： 犀鸟目　戴胜科
形态特征： 体长29cm。羽冠非常显著，棕栗色。各羽末端具黑色斑点，后部冠羽的黑端下，具白色斑；头侧和后颈淡棕栗色；上背和肩羽暗棕褐，下背黑而杂以淡棕和白色宽阔横斑；两翼表面大都黑色，而布满淡棕和白色斑纹，初级飞羽仅具一道白斑，腰白色；尾上覆羽基白而端黑；尾羽黑色，中部横贯一道白斑；颏、胸沾葡棕，胸以下棕白色渐淡，至腹部转白。
生态习性： 常栖息于田园之树干上或农家屋顶，觅食完全在地面，以金针虫、蝼蛄等昆虫为食。
留居类型： 夏候鸟

普通翠鸟　*Alcedo atthis*

分类地位： 佛法僧目　翠鸟科

形态特征： 体长15cm。自额至后颈暗蓝绿以至蓝黑，密杂
以鲜艳翠蓝色狭细横斑；眼先和过眼纹黑褐；
前额左右边缘、颊的上部以至耳区栗棕色；颈
侧耳后有白色块斑；背部辉翠蓝色；肩和两翼
覆羽及尾上面暗绿蓝，覆羽端杂以翠兰端斑。
飞羽黑褐，露出部暗绿蓝色、翼绿棕色。颏、
喉纯白，胸以下为鲜明的栗棕白。

生态习性： 栖息于河流、池塘以及养鱼池近旁，常停于树
枝、岩石上一动不动，待鱼虾出现，立即扑入
水捕之。

留居类型： 夏候鸟

三宝鸟 *Eurystomus orientalis*

分类地位： 佛法僧目　佛法僧科

形态特征： 体长26cm。头大而顶扁平，头、颈均黑，喉羽具蓝色轴纹，颏角白。背至尾上覆羽暗铜绿色，翼上覆羽同背但鲜亮而稍沾蓝色，飞羽和初级覆羽均黑色，外侧深蓝色，初级飞羽在近羽基处共有一道宽纹天蓝色横斑。尾羽辉黑，基部暗紫蓝，下体自胸以下铜蓝绿色。

生态习性： 常栖于近林开阔地的枯树上，偶尔起飞追捕过往昆虫，或向下俯冲捕捉地面昆虫。飞行姿势似夜鹰，怪异、笨重，胡乱盘旋或拍打双翅。

留居类型： 夏候鸟

蚁䴕　*Jynx torquilla*

分类地位：　啄木鸟目　啄木鸟科
形态特征：　体长18cm。上体银灰色，两翼稍沾棕褐，尾羽转为灰褐，均密杂以暗褐色虫状细斑。头顶各羽的羽端具白、黑和栗褐横斑，背中央具有若干黑褐色粗纹，几乎并成一块斑状。外侧飞羽黑褐，外杂以一系列淡栗色横斑，尾羽具五道暗灰褐横斑。颏近白，颊、喉及胸等棕黄色，向后渐淡近白，全部均密杂以狭细的黑褐色横斑，横斑在眼和下肋等处常呈箭头状。
生态习性：　不同于其他啄木鸟，蚁䴕栖于树枝而不攀树，也不啄树干取食。人近时做头部往两侧扭动的动作。通常单独活动。取食地面蚂蚁。喜灌丛。
留居类型：　夏候鸟

棕腹啄木鸟　*Dendrocopos hyperythrus*

分类地位：　啄木鸟目　啄木鸟科
形态特征：　体长20cm，色彩浓艳的啄木鸟。背、两翼及尾黑，上具成排的白点；头侧及下体浓赤褐色为本种识别特征；臀红色。雄鸟顶冠及枕红色。雌鸟顶冠黑而具白点。虹膜褐色，嘴灰而端黑，脚灰色。
生态习性：　喜针叶林或混交林。
留居类型：　夏候鸟

小星头啄木鸟 *Picoides kizuki*

分类地位： 啄木鸟目 啄木鸟科

形态特征： 体长14cm。上体黑色，背具白色点斑，两翼白色点斑成行。外侧尾羽边缘白色，耳羽后具白色块斑。眉线短而白，颊线白色，眉线后上方具不明显红色条纹。下体皮黄，具黑色条纹，近灰色的横斑过胸，上胸白。虹膜褐色，嘴灰色，脚灰色。

生态习性： 单独或成对活动。有时混入其他鸟群。栖于各种林区及园林。

留居类型： 留鸟

星头啄木鸟 *Picoides canicapillus*

分类地位： 啄木鸟目 啄木鸟科

形态特征： 体长15cm，具黑白色条纹的啄木鸟。下体无红色，头顶灰色。雄鸟眼后上方具红色条纹，近黑色条纹的腹部棕黄色。虹膜淡褐色，嘴灰色，脚绿灰色。

生态习性： 同其他小型啄木鸟。

留居类型： 留鸟

三趾啄木鸟 *Picoides tridactylus*
国家二级保护野生动物

分类地位： 啄木鸟目　啄木鸟科
形态特征： 体长23cm。头顶前部黄色（雌鸟白色），仅具三趾。体羽无红色，上背及背部中央部位白色。腰黑。亚种腰褐色，背部白色仅限于上背，下体褐色较浓。虹膜褐色，嘴黑色，脚灰色。
生态习性： 喜老云杉树及亚高山桦树林。
留居类型： 留鸟

小斑啄木鸟 *Dryobates minor*

分类地位： 啄木鸟目　啄木鸟科
形态特征： 体长15cm。黑色的上体缀点着成排白斑，近白色的下体两侧具黑色纵纹。雄鸟顶红，枕黑，前额近白。亚种下体全白而无纵纹。虹膜红褐色，嘴黑色，脚灰色。
生态习性： 飞行时大幅度地起伏。喜落叶林、混交林、亚高山桦木林及果园。
留居类型： 留鸟

♂　♀

♂　♀

大斑啄木鸟 *Dendrocopos major*

分类地位： 啄木鸟目　啄木鸟科
形态特征： 体长22cm。额、眼先、颊、眉纹、耳羽及颈侧等均栗白至葡萄酒的茶褐色。头顶至中央尾羽黑色，前部具金属光泽；两翼黑、飞羽羽片具白色细斑。翼绿白，外侧尾羽白而具黑斑。额纹黑，向后分两支，一支伸至后头，一支向下达至胸侧。左右耳相连成一半环状带斑。下体栗棕，腹棕白，下腹中央以至尾下腹羽辉红。雏鸟后头具辉红带斑。
生态习性： 常见于山地、平原林间。以吃壳翅目昆虫为主，也吃其他昆虫，冬季亦吃树木种子。
留居类型： 留鸟

白背啄木鸟　*Dendrocopos leucotos*

分类地位： 啄木鸟目　啄木鸟科

形态特征： 体长25cm的黑白色啄木鸟。特征为下背白色。雄鸟顶冠全绯红（雌鸟顶冠黑），额白。下体白而具黑色纵纹，臀部浅绯红。两翼及外侧尾羽白点成斑。虹膜褐色，嘴黑色，脚灰色。

生态习性： 喜栖于老朽树木。不怯生。

留居类型： 留鸟

灰头绿啄木鸟　*Picus canus*

分类地位： 啄木鸟目　啄木鸟科

形态特征： 体长28cm。头顶、侧和后颈暗灰，头顶密杂以黑纹，后颈具一黑色块斑；眼先和颧纹黑；背辉绿色；腰和尾上覆羽绿黄；中央一对尾羽淡橄榄褐，杂以一系列黑色横斑；外侧尾羽淡栗褐，具黑斑，所有尾羽的羽干均为暗栗褐；两翅的内侧覆羽和飞羽黄褐色，外侧者大都黑褐，外杂以白色点斑。下体灰绿，颏与喉近白。雄鸟的额与头顶前部辉红色。

生态习性： 夏居山林，冬迁平原近山村附近。主要以蚂蚁、毛虫等昆虫为食，也在昆虫缺少时吃植物种子和果实。

留居类型： 留鸟

黑啄木鸟 *Dryocopus martius*
国家二级保护野生动物

分类地位： 啄木鸟目　啄木鸟科
形态特征： 体长46cm的全黑啄木鸟。嘴黄，顶红，雌鸟仅后顶
　　　　　　　红色。极易识别。亚种头及颈部带绿光。虹膜近白；
　　　　　　　嘴象牙色，端暗；脚灰色。
生态习性： 飞行不平稳，但不如其他啄木鸟起伏大。主食蚂蚁。
留居类型： 留鸟

红脚隼 *Falco amurensis*
国家二级保护野生动物

分类地位： 隼形目 隼科
形态特征： 体长30cm。通体石板灰色，只肛周、尾下覆羽和两腿棕红色；尾有宽阔的黑色次端斑，爪黄色。
生态习性： 常在开阔田野和山麓上空回翔，以蝗虫等昆虫为食。
留居类型： 夏候鸟

红隼 *Falco tinnunculus*
国家二级保护野生动物

分类地位： 隼形目　隼科

形态特征： 体长35cm。头顶、后颈暗蓝灰色，背、肩和翼上内侧覆羽淡砖红色，具大小不一的三角形黑色斑点，下体淡棕黄色，具暗黑条纹，翅短圆，尾呈凸尾状灰色，具狭窄横斑加宽阔的黑色次端斑。

生态习性： 空中特别优雅，捕食时懒懒地盘旋在空中。猛扑猎物，常从地面捕捉猎物。生活于山麓沟谷及田野，停栖在柱子或枯树上。主吃昆虫、鼠类等。

留居类型： 留鸟

黄爪隼 *Falco naumanni*
国家二级保护野生动物

分类地位： 隼形目　隼科

形态特征： 体长30cm。虹膜暗褐色；眼周和蜡膜橙黄色；嘴铅蓝灰色，基部淡黄色；脚淡黄色。雌雄异色。雄鸟：头部灰白色；翼和背棕色无褐色斑；大覆羽和三级飞羽铅灰色；下体、颏、喉乳黄色；胸、腹乳黄色沾白色，杂有褐色羽干纹。雌鸟：下体乳黄色，具有宽阔纵纹和狭窄斑纹。

生态习性： 栖息于阔叶疏林和草地、河谷开阔地带。以啮齿类动物、小鸟、蛙和昆虫为食。每年4—5月繁殖；营巢于山区河谷悬崖峭壁凹处或岩洞中；窝卵数4~5枚；卵白色或淡黄色，缀黄红色斑点；孵化期28—29天；育雏期26—28天。

留居类型： 夏候鸟

亚成体

♂

灰背隼 *Falco columbarius*
国家二级保护野生动物

分类地位： 隼形目 隼科

形态特征： 体长30cm，无髭纹。雄鸟头顶及上体蓝灰，略带黑色纵纹；尾蓝灰，具黑色次端斑，端白；下体黄褐并多具黑色纵纹，颈背棕色；眉纹白。雌鸟及亚成鸟上体灰褐色，腰灰色，眉纹及喉白色，下体偏白而胸及腹部多深褐色斑纹，尾具近白色横斑。飞行侧影如微缩的游隼。虹膜褐色；嘴灰色，蜡膜黄色；脚黄色。

生态习性： 栖于沼泽及开阔草地。飞掠地面捕捉小型鸟类。

留居类型： 夏候鸟

燕隼 *Falco subbuteo*
国家二级保护野生动物

分类地位： 隼形目 隼科

形态特征： 体长30cm。大小如鸽，形似雨燕。上体暗
灰色，胸白或棕白色，带黑褐色纵纹。肛
周、腿尾下覆羽锈红色。尾呈圆形。

生态习性： 于飞行中捕捉昆虫及鸟类，飞行迅速。喜开
阔地及有林地带，高可至海拔2000m。

留居类型： 夏候鸟

游隼 *Falco peregrinus*
国家二级保护野生动物

分类地位： 隼形目　隼科
形态特征： 体长45cm。成鸟头顶及脸颊近黑或具黑色条纹；上体深灰色，具黑色点斑及横纹；下体白色，胸具黑色纵纹，腹部、腿及尾下多具黑色横斑。雌鸟比雄鸟体大。亚成鸟褐色浓重，腹部具纵纹。各亚种在深色部位上有异。
生态习性： 常成对活动。飞行甚快，并从高空呈螺旋形而下猛扑猎物。为世界上飞行最快的鸟种之一，有时做特技飞行。在悬崖上筑巢。
留居类型： 旅鸟

黑枕黄鹂 *Oriolus chinensis*

分类地位： 雀形目　黄鹂科

形态特征： 体长26cm。通体鲜黄色；由额、眼先经眼至枕部有一道黑色宽纹；翅上大覆羽外和羽端黄色，内大都黑色。小翼羽纯黑色；初级覆羽黑而具黄色羽端；初级飞羽黑色，除第一枚外，其余各羽之外均具带黄的白色边缘，内侧的延伸至羽端；次级和三级羽黑，黄色外缘较黑，三级飞羽之外几全为黄色；尾羽黑色，除中央一对外，其余均具宽阔端斑，愈靠外侧的黄色端斑愈大。

生态习性： 生活于平原、低山的山林、村庄附近的大树上，以昆虫为食。

留居类型： 夏候鸟

灰山椒鸟 *Pericrocotus divaricatus*

分类地位： 雀形目　山椒鸟科

形态特征： 体长20cm。特征为体羽黑、灰及白色。与小灰山椒鸟的区别在眼先黑色。与鹟鸡的区别在下体白色，腰灰色。雄鸟：顶冠、过眼纹及飞羽黑色，上体余部灰色，下体白色。雌鸟：色浅而多灰色。虹膜褐色，嘴及脚黑色。

生态习性： 在树层中捕食昆虫。飞行时不如其他色彩艳丽的山椒鸟易见。

留居类型： 夏候鸟

灰伯劳 *Lanius borealis*

分类地位： 雀形目　伯劳科
形态特征： 体长24cm。雄鸟：顶冠、后颈、背及腰灰色；粗大的过眼纹黑色，其上具白色眉纹；两翼黑色具白色横纹；尾黑而边缘白色；下体近白。雌鸟及亚成鸟：色较暗淡，下体具皮黄色鳞状斑纹。虹膜褐色，嘴黑色，脚偏黑。
生态习性： 栖于开阔的有林原野，从树上突出的主干或从电线上捕食。有时停在空中振翼。常把猎物钉在树刺上。
留居类型： 冬候鸟

虎纹伯劳 *Lanius trigrinus*

分类地位： 雀形目　伯劳科
形态特征： 体长19cm。较红尾伯劳明显嘴厚、尾短而眼大。雄鸟：顶冠及颈背灰色；背、两翼及尾浓栗色而多具黑色横斑；过眼线宽且黑；下体白，两肋具褐色横斑。雌鸟似雄鸟但眼先及眉纹色浅。亚成鸟为较暗的褐色，眼纹黑色具模糊的横斑；眉纹色浅；下体皮黄，腹部及两肋的横斑较红尾伯劳为粗。虹膜褐色；嘴蓝色，端黑；脚灰色。
生态习性： 喜多林地带，通常在林缘突出树枝上捕食昆虫。多藏身于林中。
留居类型： 夏候鸟

牛头伯劳　*Lanius bucephalus*

分类地位：　雀形目　伯劳科
形态特征：　体长19cm。头顶褐色，尾端白色。飞行时初级飞羽基部的白色块斑明显。雄鸟：过眼纹黑色，眉纹白，背灰褐，下体偏白而略具黑色横斑，两胁沾棕。雌鸟：褐色较重，与雌的红尾伯劳区别为具棕褐色耳羽，夏季色较淡而较少赤褐色。虹膜深褐；嘴灰色，端黑；脚铅灰。
生态习性：　喜次生植被及耕地。
留居类型：　夏候鸟

楔尾伯劳　*Lanius sphenocercus*

分类地位：　雀形目　伯劳科
形态特征：　体长31cm。眼罩黑色，眉纹白，两翼黑色并具粗的白色横纹。比灰伯劳体形大。三枚中央尾羽黑色，羽端具狭窄的白色，外侧尾羽白。虹膜褐色，嘴灰色，脚黑色。
生态习性：　停在空中振翼并捕食猎物如昆虫或小型鸟类。在开阔原野的突出树干、灌丛或电线上捕食，常栖于农场或村庄附近。
留居类型：　夏候鸟（少部分留鸟）

红尾伯劳 *Lanius cristatus*

分类地位： 雀形目 伯劳科

形态特征： 体长19cm。额、头顶前部淡灰，向后转灰褐，以至上背和两翅的内侧覆羽等褐色渐浓，到下背和腰棕褐色。羽和飞羽均为黑褐色，大覆羽和内侧飞羽外缘均有棕白色边缘；中覆羽稍具棕色羽端；翼缘白色。尾上覆羽浓棕；尾羽褐棕，并隐现多数更浓的横斑；颈、喉、颊等纯白，下体全部棕白、两胁棕色特浓；腹下中央近白。

生态习性： 栖于平原山地乔木，常栖息在露显高处，有时在电线上举目四望，见地面有虫疾飞捉住，再返回原处。以吃昆虫为主，也吃植物种子。

留居类型： 夏候鸟

喜鹊　*Pica seria*

分类地位：　雀形目　鸦科

形态特征：　体长46cm。头、颈、背、胸和尾覆羽均黑，并有
金属光泽；肩羽、初级飞羽内的大部分，上腹和两
胁纯白；腰呈灰色与白色相杂状，两翼黑，外侧飞
羽具绿色反光，内侧转为金属蓝色；尾较长，呈楔
状，闪铜绿光泽，下腹和覆腿羽乌黑色。

生态习性：　适应性强，中国北方的农田或城市的摩天大厦均可
筑巢。多从地面取食，几乎什么都吃。结小群活动。

留居类型：　留鸟

灰喜鹊　*Cyanopica cyanus*

分类地位：　雀形目　鸦科

形态特征：　体长40cm。头顶、后颈和头侧均黑，具暗蓝色光泽；上体灰褐；两翼
和尾的表面灰蓝，第一枚以内的初级飞羽外先端一半概白；中央尾羽
有宽阔白色端斑。下体葡萄灰色，喉和腹部中央转白。嘴峰黑，跗跖
灰黑。

生态习性：　性吵嚷，结群栖于开阔松林及阔叶林、公园甚至城镇。飞行时振翼快，
做长距离的无声滑翔。在地面及树干上取食，食物为果实、昆虫及动物
尸体。

留居类型：　留鸟

松鸦　*Garrulus glandarius*

分类地位：　雀形目　鸦科
形态特征：　体长33cm。头顶、后颈、背、肩、腰以及
　　　　　　　下体均为葡葡棕色，头顶鲜艳，下体淡色，
　　　　　　　下嘴基有一卵圆形黑色块斑向后达颈侧；尾
　　　　　　　羽黑色，上下覆羽纯白色，初级飞羽黑色，
　　　　　　　外缘褐灰色，小翼羽和次级飞羽绒黑色，最
　　　　　　　内侧一枚暗栗色；初级覆羽、大覆羽从外侧
　　　　　　　数枚飞羽的外基部具黑、白、蓝三色相间的
　　　　　　　横斑，非常醒目。
生态习性：　性喧闹，喜落叶林地及森林。以果实、鸟
　　　　　　　卵、尸体及橡子为食。主动围攻猛禽。
留居类型：　留鸟

星鸦　*Nucifraga caryocatactes*

分类地位：　雀形目　鸦科
形态特征：　体长33cm。体深褐色而密布白色点斑。臀
　　　　　　　及尾角白色，形短的尾与强直的嘴使之看
　　　　　　　上去特显壮实。虹膜深褐色，嘴黑色，脚
　　　　　　　黑色。
生态习性：　单独或成对活动，偶成小群。栖于松林，以
　　　　　　　松子为食。也埋藏其他坚果以备冬季食用。
　　　　　　　动作斯文，飞行起伏而有节律。
留居类型：　留鸟

达乌里寒鸦 *Corvus dauuricus*

分类地位： 雀形目　鸦科
形态特征： 体长32cm。体黑色，白色斑纹延至胸下。
　　　　　　　虹膜深褐色，嘴黑色，脚黑色。
生态习性： 营巢于开阔地、树洞、岩崖或建筑物上。常
　　　　　　　在放牧的家养动物间取食。
留居类型： 留鸟

秃鼻乌鸦 *Corvus frugilegus*

分类地位： 雀形目　鸦科
形态特征： 体长50cm。全身黑色，富有紫色金属光
　　　　　　　泽；嘴基部裸露皮肤浅灰白色。头顶显拱圆
　　　　　　　形，嘴圆锥形且尖，腿部的松散垂羽更显松
　　　　　　　散。飞行时尾端楔形，两翼较长窄，头显突
　　　　　　　出。成鸟的尖嘴基部的皮肤常色白且光秃。
生态习性： 进食及营巢都结群的社群性鸟种。常与寒
　　　　　　　鸦混群。取食于田野及矮草地。常跟随家
　　　　　　　养动物。
留居类型： 留鸟

大嘴乌鸦 *Corvus macrorhynchos*

分类地位： 雀形目　鸦科
形态特征： 体长50cm，体黑色。嘴甚粗厚。头顶更显拱圆形。虹膜褐色，嘴黑色，脚黑色。
生态习性： 成对生活，喜栖于村庄周围。
留居类型： 留鸟

小嘴乌鸦 *Corvus corone*

分类地位： 雀形目　鸦科
形态特征： 体长50cm，体黑色。与秃鼻乌鸦的区别在嘴基部被黑色羽，与大嘴乌鸦的区别在额弓较低，嘴虽强劲但形显细小。虹膜褐色，嘴黑色，脚黑色。
生态习性： 喜结大群栖息，取食于矮草地及农耕地，以无脊椎动物为主要食物，但喜吃尸体，常在道路上吃被车辆轧死的动物。
留居类型： 留鸟

大山雀　*Parus minor*

分类地位：　雀形目　山雀科
形态特征：　体长14cm。体大而结实的黑、灰及白色山雀。头及喉辉黑，与脸侧白斑及颈背块斑形成强对比；翼上具一道醒目的白色条纹，一道黑色带沿胸中央而下。雄鸟胸带较宽，幼鸟胸带减为胸兜。6个亚种略有差别，见于中国极北地区的亚种下体偏黄而背偏绿。此亚种易与绿背山雀混淆，但分布上无重叠且绿背山雀具两道白色翼纹。
生态习性：　常光顾红树林、林园及开阔林。性活跃，多技能，时在树顶，时在地面。成对或成小群。
留居类型：　留鸟

褐头山雀　*Poecile montanus*

分类地位：　雀形目　山雀科
形态特征：　体长11.5cm。头顶及颏褐黑，上体褐灰，下体近白，两胁皮黄，无翼斑或项纹。与沼泽山雀易混淆，但一般具浅色翼纹，黑色顶冠较大而少光泽，头显大。虹膜褐色，嘴略黑色，脚深蓝灰色。
生态习性：　栖息于针叶林或针阔混交林，从海拔800米至4000米左右均有它们的分布。多结小群或大群活动，大群可达100余只，有时也见到成对或单独活动。以昆虫为食。
留居类型：　留鸟

沼泽山雀 *Poecile palustris*

分类地位： 雀形目　山雀科
形态特征： 体长11.5cm。头顶及颏黑色，上体偏褐色或橄榄色，下体近白，两胁皮黄，无翼斑或项纹。与褐头山雀易混淆但通常无浅色翼纹而具闪辉黑色顶冠。虹膜深褐，嘴偏黑，脚深灰。
生态习性： 一般单独或成对活动；有时加入混合群。喜栎树林及其他落叶林、密丛、树篱、河边林地及果园。
留居类型： 留鸟

煤山雀 *Periparus ater*

分类地位： 雀形目　山雀科
形态特征： 体长11cm。头顶、颈侧、喉及上胸黑色。翼上具两道白色翼斑以及后颈部的大块白斑使之有别于褐头山雀及沼泽山雀。背灰色或橄榄灰色，白色的腹部或有或无皮黄色。多数亚种具尖状的黑色冠羽。与大山雀及绿背山雀的区别在胸中部无黑色纵纹。虹膜褐色，嘴黑色，边缘灰色，脚青灰色。
生态习性： 针叶林中的耐寒山雀。储藏食物以备冬季之需。于冰雪覆盖的树枝下取食。
留居类型： 留鸟

云雀 *Alauda arvensis*
国家二级保护野生动物

分类地位： 雀形目　百灵科
形态特征： 体长18cm。顶冠及耸起的羽冠具细纹，尾分叉，羽缘白色，后翼缘的白色于飞行时可见。与鹨类的区别在尾及腿均较短，具羽冠且立势不如其直。与小云雀易混淆但体形较大，后翼缘较白且叫声也不同。虹膜深褐，嘴角褐色，脚肉色。
生态习性： 以活泼悦耳的鸣声著称，高空振翅飞行时鸣唱，接着做极壮观的俯冲而回到地面的覆盖处。栖于草地、干旱平原、泥淖及沼泽。正常飞行起伏不定。警惕时下蹲。
留居类型： 夏候鸟

短趾百灵 *Alaudala cheleensis*

分类地位： 雀形目　百灵科
形态特征： 体长13cm。具褐色杂斑的百灵。无羽冠。似大短趾百灵但体形较小且颈无黑色斑块，嘴较粗短，胸部纵纹散布较开。站势甚直，上体满布纵纹且尾具白色的宽边而有别于其他小型百灵。虹膜深褐色，嘴黄褐色，脚肉棕色。
生态习性： 栖于干旱平原及草地。
留居类型： 夏候鸟

黑眉苇莺 *Acrocephalus bistrigiceps*

分类地位： 雀形目　苇莺科
形态特征： 体长13cm。眼纹皮黄白色，眉纹上具有黑
　　　　　　纹，头顶无纵纹，下体偏白。虹膜褐色；上
　　　　　　嘴色深，下嘴色浅；脚粉色。
生态习性： 典型的苇莺，栖于近水的高芦苇丛及高
　　　　　　草地。
留居类型： 夏候鸟

东方大苇莺 *Acrocephalus orientalis*

分类地位： 雀形目　苇莺科
形态特征： 体长18cm。体形为莺亚科中最大的。体棕
　　　　　　橄榄褐色，头顶比背略深，眉纹淡黄色，头
　　　　　　侧淡棕褐色；翼羽大部暗褐色，外缘淡棕
　　　　　　色，飞羽淡褐色也有淡棕色边缘。自颏至胸
　　　　　　棕白色，在胸部还有少许灰褐色纵纹，但不
　　　　　　显著；腹部中央乳白；下体余部淡棕色。
生态习性： 常栖息于池塘、河湖的芦苇丛中，以水生
　　　　　　昆虫、甲虫、蜘蛛及一些植物种子为食。
留居类型： 夏候鸟

厚嘴苇莺 *Arundinax aedon*

分类地位： 雀形目　苇莺科

形态特征： 体长20cm。体橄榄褐色或棕色。嘴粗短，与其他大型苇莺的区别在无深色眼线且几乎无浅色眉纹而使其看似呆板。尾长而凸。虹膜褐色；上嘴色深，下嘴色浅；脚灰褐。

生态习性： 栖于森林、林地及次生灌丛的深暗荆棘丛。性隐匿。

留居类型： 夏候鸟

小蝗莺 *Helopsaltes certhiola*

分类地位： 雀形目 蝗莺科
形态特征： 体长15cm。眼纹皮黄，尾棕色而端白。上体褐色而具灰色及黑色纵纹；两翼及尾红褐，尾具近黑色的次端斑；下体近白，胸及两胁皮黄。幼鸟沾黄，胸上具三角形的黑色点斑。虹膜褐色；上嘴褐色，下嘴偏黄；脚淡粉色。
生态习性： 栖于芦苇地、沼泽、稻田、近水的草丛和蕨丛以及林边地带。隐匿于浓密的植被下。
留居类型： 夏候鸟

苍眉蝗莺 *Helopsaltes fasciolata*

分类地位： 雀形目 蝗莺科
形态特征： 体长15cm。上体橄榄褐。眉纹白，眼纹色深而脸颊灰暗。下体白，胸及两胁具灰色或棕黄色条带，羽缘微近白色，尾下覆羽皮黄。幼鸟下体偏黄，喉具纵纹。嘴大。虹膜褐色；上嘴黑色，下嘴粉红色；脚粉褐色。
生态习性： 见于低地及沿海的林地、棘丛、丘陵草地及灌丛。在林下植被中潜行、奔跑及齐足跳动。栖势水平但立于地面时高扬。
留居类型： 夏候鸟

矛斑蝗莺 *Locustella lanceolata*

分类地位： 雀形目 蝗莺科
形态特征： 体长11cm。上体包括两翼内侧覆羽呈橄榄褐色至黄褐色，各羽的中央贯以黑色，形成纵纹，前端较细，往后逐渐变粗。淡黄眉纹不显。尾羽暗褐，翼上的外侧腹羽和飞羽黑褐色，具淡黄褐色羽缘；三级飞羽黑褐，边缘淡黄褐色。下体乳白，腹中央纯白，喉部微具黑色纵纹，胸部显著；两胁与尾下覆羽棕褐色，也杂以黑色纵纹。
生态习性： 栖息于近水的草地，以昆虫为食。
留居类型： 夏候鸟

金腰燕 *Cecropis daurica*

分类地位： 雀形目　燕科
形态特征： 体长18cm。似家燕，上体蓝黑色，腰具有显著的栗黄色横带；下体棕白色，羽轴形成黑色纵纹。巢呈长颈瓶状。
生态习性： 栖息于低山及平原的居民点附近，以昆虫为食。活动于山脚坡地、草坪、也围绕树林附近有轮廓的平房、高大建筑物、工厂飞翔、栖在空旷地区的树上以及喜栖在无叶的枝条或枯枝。
留居类型： 夏候鸟

崖沙燕 *Riparia riparia*

分类地位： 雀形目　燕科
形态特征： 体长12cm。上体暗灰褐色，额、腰和尾上覆羽较淡，翼上内侧飞羽和覆羽与背同色，但羽端稍淡；外侧飞羽、覆羽和尾羽均黑色，而尾羽稍带棕色；眼先黑褐色，耳羽灰褐色；颏、喉灰白，伸展至须侧；胸环完整，呈灰褐色；下体余部白色。
生态习性： 生活于水库、河流泥沙滩或附近的岩石间以及农田附近，捕食空中飞虫，如半翅目、鞘翅目、双翅目昆虫等。
留居类型： 夏候鸟

家燕 *Hirundo rustica*

分类地位： 雀形目　燕科
形态特征： 体长16cm。额深栗色体上，包括翼上的内侧覆羽和飞羽等均蓝黑色，并具有金属反光；翼其余部黑褐色；尾亦黑褐色，外侧尾羽的内在近羽端处有一大形白斑。颏、喉栗色，上胸黑色，形成横带状；下胸至尾下覆羽白色。
生态习性： 栖息于村落附近田野，常停于电线上，营巢于屋檐下成梁上，近年来在楼房的阳台顶壁亦有巢，呈半碗形。食物为各种昆虫。
留居类型： 夏候鸟

黄眉柳莺　*Phylloscopus inornatus*

分类地位：　雀形目　柳莺科

形态特征：　体长10cm。体形纤小。上体橄榄绿色，头部色较深，头顶中央有一条若隐若现的黄绿色冠纹，眉纹宽而呈淡绿黄色；贯眼纹暗褐色，头的余部绿黄缀褐；两翼和尾黑褐色，翼上的大覆羽及中覆羽先端淡黄绿色，组成两道翼斑；飞羽和尾羽均呈黄绿色；内侧飞羽的先端有白色细斑；下体白色，胸、胁及尾下覆羽均沾些绿黄色。

生态习性：　栖息于稀疏的阔叶、针叶混交林，常活动于庭院、公园的树上。主要以昆虫为食，有时也吃些植物性食物。

留居类型：　夏候鸟

巨嘴柳莺　*Phylloscopus schwarzi*

分类地位：　雀形目　柳莺科

形态特征：　体长12.5cm。尾较大而略分叉，嘴厚而似山雀，在鼻孔处的厚度可达0.3cm以上，下嘴黄褐色。眉纹前端皮黄色至眼后成奶油白色；眼纹深褐色，脸侧及耳羽具散布的深色斑点。下体大部分棕黄色，嘴较厚、较烟柳莺体大而壮，眉纹长而宽且多橄榄色。

生态习性：　常隐匿并取食于地面，看似笨拙沉重。尾及两翼常神经质地抽动。

留居类型：　夏候鸟

黄腰柳莺　*Phylloscopus proregulus*

分类地位： 雀形目　柳莺科
形态特征： 体长9cm。腰柠檬黄色；具两道浅色翼斑；下体灰白，臀及尾下覆羽沾浅黄；具黄色的粗眉纹和适中的顶纹。比黄眉柳莺更小，无眉纹，在腰部有明显的黄色横带。
生态习性： 栖于亚高山林，夏季高可至海拔4200m的林线。越冬在低地林区及灌丛。
留居类型： 夏候鸟

极北柳莺　*Phylloscopus borealis*

分类地位： 雀形目　柳莺科
形态特征： 体长12cm。上体灰绿色，腰淡；眉纹黄白显著，贯眼纹暗橄榄褐色；翼外侧覆羽及飞羽黑褐色，外淡绿；大多羽先端黄白形成翼斑；下体白色沾黄。
生态习性： 喜开阔有林地区、红树林、次生林及林缘地带。加入混合鸟群，在树叶间寻食。
留居类型： 旅鸟

褐柳莺 *Phylloscopus fuscatus*

分类地位： 雀形目 柳莺科
形态特征： 体长11cm。外形甚显紧凑而墩圆，两翼短圆，尾圆而略凹。下体乳白，胸及两胁沾黄褐色。上体灰褐色，飞羽有橄榄绿色的翼缘。嘴细小，腿细长。指名亚种眉纹沾栗褐色，脸颊无皮黄，上体褐色较重。与巨嘴柳莺易混淆，不同处在于嘴纤细且色深；腿较细；眉纹较窄而短；眼先上部的眉纹有深褐色边且眉纹将眼和嘴隔开；腰部无橄榄绿色渲染。虹膜褐色；上嘴色深，下嘴偏黄；脚偏褐。
生态习性： 隐匿于沿溪流、沼泽周围及森林中潮湿灌丛的浓密低植被之下，高可上至海拔4000m。翘尾并轻弹尾及两翼。
留居类型： 夏候鸟

淡脚柳莺 *Phylloscopus tenellipes*

分类地位： 雀形目 柳莺科
形态特征： 体长11cm。上体橄榄褐色；具两道皮黄色的翼斑；白色的长眉纹（眼前方皮黄色），过眼纹橄榄色；腰及尾上覆羽为清楚的橄榄褐色；下体白，两胁沾皮黄灰色。较极北柳莺褐色较重，而较乌嘴柳莺嘴小且嘴色淡。虹膜褐色；上嘴色暗，下嘴带粉色；脚浅粉红。
生态习性： 栖于山间茂密的林下植被，高可至海拔1800m。隐匿于较低层，轻松活泼地来回跳跃，以特殊的方式向下弹尾。
留居类型： 夏候鸟

双斑绿柳莺 *Phylloscopus plumbeitarsus*

分类地位： 雀形目　柳莺科
形态特征： 体长12cm。体深绿色。具明显的白色长眉纹而无顶纹，腿色深，具两道翼斑，下体白而腰绿。与暗绿柳莺的区别为大翼斑较宽且明显并具黄白色的小翼斑，上体色较深且绿色较重，下体更白。有时头及颈略沾黄色。较极北柳莺体小而圆。与黄眉柳莺的区别在嘴较长且下嘴基粉红，三级飞羽无浅色羽端。虹膜褐色；上嘴色深，下嘴粉红；脚蓝灰。
生态习性： 繁殖于针落叶混交林、白桦及白杨树丛，高可至海拔4000m。越冬于次生灌丛及竹林，高至海拔1000m。
留居类型： 夏候鸟

冕柳莺 *Phylloscopus coronatus*

分类地位： 雀形目　柳莺科
形态特征： 体长12cm。上体橄榄绿色，头顶暗褐色，中央有一淡黄色冠纹，眉纹前黄后淡黄，贯眼纹暗褐，颊淡黄绿；飞羽暗褐，外边缘黄绿，大覆羽先端淡黄绿，形成一道翼斑；尾暗褐，下体银白色，隐约可见黄白色纵纹，尾下覆羽淡绿黄色。
生态习性： 喜光顾林地及林缘，从海平面直至最高的山顶。加入混合鸟群，通常见于较大树木的树冠层。
留居类型： 夏候鸟

远东树莺 *Horornis canturians*

分类地位： 雀形目　树莺科
形态特征： 体长15cm。体橄榄褐色。具明显的皮黄白色眉纹和近黑色的贯眼纹。下体乳白，有弥漫型淡皮黄色胸带，两胁及尾下覆羽橄榄褐色。虹膜褐色；上嘴褐色，下嘴粉色；脚粉红。
生态习性： 栖于茂密的竹林灌丛及草地，高可至海拔3000m。一般隐身独处。
留居类型： 夏候鸟

鳞头树莺 *Urosphena squameiceps*

分类地位： 雀形目　树莺科
形态特征： 体长10cm。具明显的深色贯眼纹和浅色的眉纹；上体纯褐；下体近白，两胁及臀皮黄色；顶冠具鳞状斑纹。外形看似矮胖，翼宽且嘴尖细。与其他树莺的区别在于尾短。翅约为尾长的2倍。头顶各羽似鳞片状。虹膜褐色；上嘴色深，下嘴色浅；脚粉红。
生态习性： 单独或成对活动。在繁殖区藏隐于海拔1300m以下的针叶林及落叶林覆盖的地面或近地面处，在越冬区见于较开阔的多灌丛环境，高可至海拔2100m。
留居类型： 夏候鸟

北长尾山雀　*Aegithalos caudatus*

分类地位：　雀形目　长尾山雀科

形态特征：　体长16cm。细小的嘴黑色，尾甚长，黑色而带白边。各亚种图纹色彩有别。幼鸟下体色浅，胸棕色。虹膜深褐色，嘴黑色，脚深褐色。

生态习性：　性活泼，结小群在树冠层及低矮树丛中找食昆虫及种子。夜宿时挤成一排。

留居类型：　留鸟

棕头鸦雀 *Sinosuthora webbiana*

分类地位： 雀形目　莺鹛科

形态特征： 体长12cm。体较小，嘴短而厚，嘴峰9mm。头顶与后颈棕红，头顶两侧微有黑缘；背葡萄褐色；腰和尾上覆羽棕黄，尾暗褐，羽基外缘呈棕色；翅上的初级羽与大覆羽和飞羽暗褐，耳羽浓褐；颏与喉白，具若干不明显的棕纹；颈侧、胸与上胁淡葡萄褐色；腹白，下胁及尾下覆羽棕黄。

生态习性： 栖息于山坡灌丛，以昆虫和植物种子为食。

留居类型： 留鸟

红胁绣眼鸟　*Zosterops erythropleurus*
国家二级保护野生动物

分类地位： 雀形目　绣眼鸟科
形态特征： 体长12cm。与暗绿绣眼鸟及灰腹绣眼鸟的区别在上体灰色较多，两胁栗色，下颌色较淡，黄色的喉斑较小，头顶无黄色。虹膜红褐色，嘴橄榄色，脚灰色。
生态习性： 有时与暗绿绣眼鸟混群。
留居类型： 夏候鸟

欧亚旋木雀 *Certhia familiaris*

分类地位：　雀形目　旋木雀科

形态特征：　体长13cm。下体白或皮黄，仅两胁略沾棕色且尾覆羽棕色。胸及两胁偏白，眉纹色浅使其有别于锈红腹旋木雀。体形较小，喉部色浅而有别于褐喉旋木雀。平淡褐色的尾有别于高山旋木雀。诸亚种仅细微有别。虹膜褐色，上颌褐色，下颌色浅，脚偏褐。

生态习性：　本属的典型特性，常加入混合鸟群。

留居类型：　留鸟

黑头鳾 *Sitta villosa*

分类地位： 雀形目 鳾科
形态特征： 体长11cm。具白色眉纹和细细的黑色过眼
纹。雄鸟顶冠黑色，雌鸟新羽的顶冠灰色。
上体余部淡紫灰色。喉及脸侧偏白，下体余
部灰黄或黄褐色。似滇鳾但眼纹较窄而后端
不散开，下体色重。虹膜褐色，嘴近黑，下
颌基部色较浅，脚灰色。
生态习性： 多生活于寒温带低山至亚高山的针叶林或混
交林带。
留居类型： 留鸟

普通鳾 *Sitta europaea*

分类地位： 雀形目 鳾科
形态特征： 体长13cm。上体蓝灰，过眼纹黑色，喉白，
腹部淡皮黄，两胁浓栗。虹膜深褐色，嘴黑
色，下颌基部带粉色，脚深灰。
生态习性： 在树干的缝隙及树洞中啄食橡树子及其他坚
果。飞行起伏呈波状。偶尔于地面取食。成
对或结小群活动。
留居类型： 留鸟

鹪鹩　*Troglodytes troglodytes*

分类地位： 雀形目　鹪鹩科

形态特征： 体长10cm。体棕褐色。体背及尾上有黑色横纹。嘴细长稍侧扁，近尖端处稍有弯曲；鼻孔裸露无嘴须；翅短圆。尾羽短而柔软；脚较强健，且发达的钩状爪适于奔走。虹膜褐色，嘴褐色，脚褐色。

生态习性： 尾不停地轻弹而上翘。在覆盖下悄然移动，突然跳出又轻捷跳开。飞行低，仅振翅做短距离飞行。冬季在缝隙内紧挤而群栖。

留居类型： 夏候鸟

褐河乌 *Cinclus pallasii*

分类地位： 雀形目 河乌科

形态特征： 体无白色或浅色胸围。有时眼上的白色小块斑明显，常为眼周羽毛遮盖而外观不显著。亚种的褐色较其他亚种为淡。雌鸟形态与雄鸟相似。幼鸟上体黑褐色，羽缘黑色形成鳞状斑纹，具浅棕色近端斑。

生态习性： 成对活动于高海拔的繁殖地，略有季节性垂直迁移。常栖于巨大砾石，头常点动，翘尾并偶尔抽动。在水面游泳然后潜入水中似小䴙䴘。炫耀表演时两翼上举并振动。

留居类型： 留鸟

灰椋鸟　*Spodiopsar cineraceus*

分类地位： 雀形目　椋鸟科

形态特征： 体长21cm。头顶、后颈和颈侧黑色，各羽均呈矛状；前额杂以白羽；背、腰肩羽和翼上内侧覆羽均为灰土褐色，外侧覆羽和飞羽黑褐，飞羽外具白色狭缘，内侧飞羽的白缘变宽；位于前方的尾上覆羽白色，后方和中央尾羽灰土褐色；外侧尾羽黑褐，先端白；颏、喉和上胸暗灰褐，有灰色的矛状细线，下胸、两胁褐灰；下体余部白。

生态习性： 群栖性，取食于农田，在远东地区取代紫翅椋鸟。

留居类型： 夏候鸟

北椋鸟　*Agropsar sturninus*

分类地位： 雀形目　椋鸟科

形态特征： 体长18cm。头顶至上背暗灰；枕部具紫黑色块斑，背、腰、内侧肩羽及翅小覆羽均为金属紫黑色；中覆羽棕白；大覆羽和初级覆羽黑而闪绿，初级飞羽黑褐，外缘具黄褐色阔边；次级飞羽金属绿黑色。尾羽黑，表面具金属绿辉，外侧尾羽外棕白。头侧、两胁浅灰白，下体其他处棕白。

生态习性： 取食于沿海开阔区域的地面。

留居类型： 夏候鸟

白腹鸫　*Turdus pallidus*

分类地位：　雀形目　鸫科
形态特征：　体长24cm。腹部及臀白色。雄鸟头及
喉灰褐色，雌鸟头褐色，喉偏白而略具
细纹。翼衬灰或白色。似赤胸鸫但胸及
两胁褐灰而非黄褐，外侧两枚尾羽的羽
端白色甚宽。与褐头鸫的区别在缺少浅
色的眉纹。虹膜褐色；上嘴灰色，下嘴
黄色；脚浅褐。
生态习性：　栖于低地森林、次生植被、公园及花
园。性羞怯，藏匿于林下。
留居类型：　夏候鸟

白眉鸫　*Turdus obscurus*

分类地位：　雀形目　鸫科
形态特征：　体长23cm。白色过眼纹明显，上体橄榄褐，头深灰色，眉纹白，胸带褐色，腹白而两侧沾
赤褐。虹膜褐色；嘴基部黄色，嘴端黑色；脚偏黄至深肉棕色。
生态习性：　于低矮树丛及林间活动。性活泼喧闹，甚温驯而好奇。
留居类型：　夏候鸟

斑鸫 *Turdus eunomus*

分类地位： 雀形目　鸫科
形态特征： 体长25cm。具浅棕色的翼线和棕色的宽阔翼斑。雄鸟耳羽及胸上横纹黑色，而与白色的喉、眉纹及臀形成对比，下腹部黑色而具白色鳞状斑纹。雌鸟褐色及皮黄色较暗淡，斑纹同雄鸟，下胸黑色点斑较小。较为罕见的指名亚种尾偏红，下体及眉线橘黄。虹膜褐色；上嘴偏黑，下嘴黄色；脚褐色。
生态习性： 栖于开阔的多草地带及田野。冬季成大群。
留居类型： 夏候鸟

灰背鸫 *Turdus hortulorum*

分类地位： 雀形目　鸫科
形态特征： 体长24cm。雄鸟上体全灰，喉灰或偏白，胸灰，腹中心及尾下覆羽白，两肋及翼下橘黄。雌鸟上体褐色较重，喉及胸白，胸侧及两肋具黑色点斑。与雌鸟灰鸫的区别在上体灰色较重，嘴黄；与雌黑胸鸫的区别在胸较白。虹膜褐色，嘴黄色，脚肉色。
生态习性： 在林地及公园的腐叶间跳动。甚惧生。
留居类型： 夏候鸟

白眉地鸫 *Geokichla sibirica*

分类地位： 雀形目 鸫科
形态特征： 体长23cm。眉纹显著。雄鸟石板灰黑色，眉纹白，尾羽羽端及臀白。雌鸟橄榄褐，下体皮黄白及赤褐，眉纹皮黄白色。虹膜褐色，嘴黑色，脚黄色。
生态习性： 性活泼，栖于森林地面及树间，有时结群。
留居类型： 夏候鸟

虎斑地鸫 *Zoothera aurea*

分类地位： 雀形目 鸫科
形态特征： 体长28cm。上体褐色，下体白色，黑色及金皮黄色的羽缘使其通体满布鳞状斑纹。虹膜褐色，嘴深褐色，脚带粉色。
生态习性： 栖居茂密森林，于森林地面取食。
留居类型： 夏候鸟

蓝歌鸲 *Larvivora cyane*

分类地位： 雀形目　鹟科
形态特征： 体长13cm。背、腰以至翅上覆羽，包括两翼内侧的夏羽和飞羽，概铅蓝色，其余飞羽黑褐色，表面染有蓝色；尾羽黑褐色，也具显著的蓝色；眼线和颊黑色；颊后部向后沿颈侧伸至胸侧，有一条黑纹；耳羽近黑；颈侧深蓝；下体自颏至下腹羽纯雪白，两肋和复腿羽缀以蓝或蓝灰。
生态习性： 地栖，几乎完全以甲虫等昆虫为食。
留居类型： 夏候鸟

红尾歌鸲 *Larvivora sibilans*

分类地位： 雀形目　鹟科
形态特征： 体长13cm。上体橄榄褐，尾棕色，下体近白，胸部具橄榄色扇贝形纹。与其他雌歌鸲及鹟类的区别在尾棕色。虹膜褐色，嘴黑色，脚粉褐。
生态习性： 占域性甚强，常栖于森林中茂密多荫的地面或低矮植被覆盖处，尾颤动有力。
留居类型： 夏候鸟

蓝喉歌鸲 *Luscinia svecica*
国家二级保护野生动物

分类地位： 雀形目　鹟科

形态特征： 雄鸟体长14cm，喉部具栗色、蓝色及黑白色图纹，眉纹近白，外侧尾羽基部的棕色于飞行时可见。上体灰褐，下体白，尾深褐。雌鸟喉白而无橘黄色及蓝色，黑色的细颊纹与由黑色点斑组成的胸带相连。与雌性红喉歌鸲及黑胸歌鸲的区别在尾部的斑纹不同。虹膜深褐，嘴深褐，脚粉褐。

生态习性： 惧生，常留于近水的覆盖茂密处。多取食于地面。走似跳，不时地停下抬头及闪尾；站势直。飞行快速，径直躲入覆盖下。

留居类型： 夏候鸟

红喉歌鸲 *Calliope calliope*
国家二级保护野生动物

分类地位： 雀形目　鹟科

形态特征： 体长16cm，具醒目的白色眉纹和颊纹，尾褐色，两胁皮黄，腹部皮黄白。雌鸟胸带近褐，头部黑白色条纹独特。成年雄鸟的特征为喉红色。虹膜褐色，嘴深褐，脚粉褐。

生态习性： 藏于森林密丛及次生植被中；一般在近溪流处。

留居类型： 旅鸟

红胁蓝尾鸲 *Tarsiger cyanurus*

分类地位： 雀形目　鹟科
形态特征： 体长13cm。上体包括两翅内侧覆羽的表面
　　　　　　灰蓝色，头顶两侧、翅上小覆羽和翅上覆羽
　　　　　　等处特别鲜亮。飞羽黑褐，中央尾羽黑褐
　　　　　　沾蓝，外侧尾羽黑褐，仅外沾点蓝，愈向外
　　　　　　侧蓝色愈淡。眉纹白棕。下体纯白色，胸侧
　　　　　　灰蓝；两肋栗橙色。
生态习性： 长期栖于湿润山地森林及次生林的林下低
　　　　　　处。活动于平原、丘陵开阔林地和园圃中，
　　　　　　以昆虫为食。
留居类型： 旅鸟

北红尾鸲 *Phoenicurus auroreus*

分类地位： 雀形目　鹟科
形态特征： 体长15cm。后颈部至上背石板灰色，有些
　　　　　　羽毛转为灰白，其余背部黑色；腰和尾上覆
　　　　　　羽以及下体自胸以下为橙棕色。尾羽除中央
　　　　　　一对为黑褐色及最外侧一对具暗褐色外缘
　　　　　　外，其余均呈橙棕色；前额基部，头和颈的
　　　　　　两侧、颏、喉以至上胸黑色；翼上覆羽黑
　　　　　　色；飞羽黑褐；次级飞羽的基部白，形成一
　　　　　　显著的翼斑。
生态习性： 夏季栖于亚高山森林、灌木丛及林间空
　　　　　　地，冬季栖于低地落叶矮树丛及耕地。常
　　　　　　立于突出的栖处，尾颤动不停。栖息于园
　　　　　　圃篱笆、灌丛间；主要以昆虫为食，也吃
　　　　　　些杂草种子等。
留居类型： 夏候鸟

东亚石䳭　*Saxicola stejnegeri*

分类地位： 雀形目　鹟科

形态特征： 体长14cm。雄鸟头部及飞羽黑色，背深褐色，颈及翼上具粗大的白斑，腰白，胸棕色。雌鸟色较暗而无黑色，下体皮黄，仅翼上具白斑。虹膜深褐，嘴黑色，脚近黑。

生态习性： 喜开阔的栖息生境，如农田、花园及次生灌丛。栖于突出的低树枝以跃下地面捕食猎物。

留居类型： 夏候鸟

白喉矶鸫　*Monticola gularis*

分类地位： 雀形目　鹟科
形态特征： 体长19cm。两性异色。雄鸟蓝色限于头顶、颈背及肩部的闪斑；头侧黑，下体多橙栗色。与其他矶鸫的区别在喉块白色，除蓝头矶鸫外与所有其他矶鸫的区别在于白色翼纹。雌鸟与其他雌性矶鸫的区别在上体具黑色粗鳞状斑纹；与虎斑地鸫的区别在体形较小，喉白，眼先色浅，耳羽近黑。虹膜褐色，嘴近黑，脚暗橘黄。
生态习性： 甚安静而温驯，常长时间静立不动。栖于混合林、针叶林或多草的多岩地区。冬季结群。
留居类型： 夏候鸟

蓝矶鸫　*Monticola solitarius*

分类地位： 雀形目　鹟科
形态特征： 体长23cm。雄鸟暗蓝灰色，具淡黑及近白色的鳞状斑纹。腹部及尾下深栗或于亚种为蓝色。与雄性栗腹矶鸫的区别在无黑色脸罩，上体蓝色较暗。雌鸟上体灰色沾蓝，下体皮黄而密布黑色鳞状斑纹。亚成鸟似雌鸟但上体具黑白色鳞状斑纹。虹膜褐色，嘴黑色，脚黑色。
生态习性： 常栖于突出位置如岩石、房屋柱子及死树，冲向地面捕捉昆虫。
留居类型： 旅鸟

北灰鹟 *Muscicapa dauurica*

分类地位： 雀形目 鹟科

形态特征： 体长13cm。上体灰褐，下体偏白，胸侧及两胁褐灰，眼圈白色，冬季眼先偏白色。亚种多灰色，嘴比乌鹟或棕尾褐鹟长且无半颈环。新羽的鸟具狭窄白色翼斑，翼尖延至尾的中部。虹膜褐色，嘴黑色，下嘴基黄色，脚黑色。

生态习性： 从栖处捕食昆虫，回至栖处后尾做独特的颤动。

留居类型： 夏候鸟

灰纹鹟 *Muscicapa griseisticta*

分类地位： 雀形目 鹟科

形态特征： 体长14cm。褐灰色，眼圈白，下体白，胸及两胁布满深灰色纵纹。额具一狭窄的白色横带（野外不易看见），并具狭窄的白色翼斑。翼长，几至尾端。较乌鹟而无半颈环，较斑鹟体小且胸部多纵纹。虹膜褐色，嘴黑色，脚黑色。

生态习性： 性惧生，栖于密林、开阔森林及林缘，甚至在城市公园的溪流附近。

留居类型： 夏候鸟

乌鹟 *Muscicapa sibirica*

分类地位： 雀形目 鹟科

形态特征： 体长13cm。烟灰色鹟。上体深灰，翼上具不明显皮黄色斑纹，下体白色，两胁深色具烟灰色杂斑，上胸具灰褐色模糊带斑；白色眼圈明显，喉白，通常具白色的半颈环；下脸颊具黑色细纹，翼长至尾的三分之二。诸亚种的下体灰色程度不同。亚成鸟脸及背部具白色点斑。虹膜深褐，嘴黑色，脚黑色。

生态习性： 栖于山区或山麓森林的林下植被层及林间。紧立于裸露低枝，冲出捕捉过往昆虫。

留居类型： 旅鸟

鸲姬鹟 *Ficedula mugimaki*

分类地位： 雀形目　鹟科
形态特征： 体长13cm。雄鸟：上体灰黑，狭窄的白色眉纹于眼后；翼上具明显的白斑，尾基部羽缘白色；喉、胸及腹侧橘黄；腹中心及尾下覆羽白色。雌鸟：上体包括腰褐色，下体似雄鸟但色淡，尾无白色。亚成鸟：上体全褐，下体及翼纹皮黄，腹白。虹膜深褐，嘴暗角质色，脚深褐。
生态习性： 喜林缘地带、林间空地及山区森林。尾常抽动并扇开。
留居类型： 旅鸟

白眉姬鹟 *Ficedula zanthopygia*

分类地位： 雀形目　鹟科
形态特征： 体长13cm。上体包括尾和两翼的大部为黑色；自眼先起有一白色眉纹，延伸到眼的后方；下背和腰羽黄色。翼上内侧的小和大覆羽白色，内侧第三枚三级飞羽的外缘缀白，这样在黑翅上形成一道明显的白斑；下体鲜黄，向后渐淡，尾下覆羽白色。
生态习性： 于山地阔叶林中栖息，以昆虫为食。
留居类型： 夏候鸟

红喉姬鹟　*Ficedula albicilla*

分类地位： 雀形目　鹟科

形态特征： 体长13cm。上体黄褐，尾黑，外侧尾羽基部白色；颏、喉橙黄色；胸与两肋棕灰，腹白。飞羽、尾羽黑褐，多缘以青蓝色，胸以下纯白。

生态习性： 栖于林缘及河流两岸的较小树上。有险情时冲至隐蔽处。尾展开显露基部的白色并发出粗哑的咯咯声。

留居类型： 旅鸟

白腹蓝鹟　*Cyanoptila cyanomelana*

分类地位： 雀形目　鹟科

形态特征： 体长13cm。嘴黑褐色，脚铅灰色，虹膜褐色。雌雄异色。雄鸟：头顶、体背青蓝色；外侧尾羽基部白色；头侧、颏、喉和前胸蓝黑色；下体余部白色。雌鸟：体背部为橄榄褐色；颏和喉污白色；胸和腹两侧淡褐色。幼鸟：雄性头部和下体似雌鸟，余部与雄鸟相似。

生态习性： 多栖息于距水较近的针阔混交林。主要是以昆虫为食。营巢于岩石缝隙、树洞和树根凹处；每年繁殖1窝，窝卵数4~6枚，卵白色；孵化期约为12天；育雏期约12天。每年5月上旬迁至，9月中下旬迁离。

留居类型： 夏候鸟

戴菊　*Regulus regulus*

分类地位： 雀形目　戴菊科

形态特征： 体长8cm。头顶中央有一前窄后宽略似锥状的橙色斑，先端及两侧为柠檬黄色；在这色彩鲜艳的块斑两侧各有一条黑纹，头侧为沾灰的橄榄绿色，眼周有一明显的灰白色眼圈；上体橄榄绿色稍沾灰褐，尾上覆羽黄绿色，尾羽黑褐，且沾黄的橄榄绿色；翼黑褐，中覆羽和大覆羽先端乳白色，组成翼上两道明显的白斑；下体白色，羽端沾黄，侧面更沾灰色。

生态习性： 通常独栖于针叶林的林冠下层。

留居类型： 旅鸟

小太平鸟 *Bombycilla japonica*

分类地位： 雀形目 太平鸟科
形态特征： 体长16cm。尾端绯红色显著。与太平鸟的
区别在黑色的过眼纹绕过冠羽延伸至头后，
臀绯红。次级飞羽端部无蜡滴状斑，但羽尖
绯红。缺少黄色翼带。虹膜褐色，嘴近黑，
脚褐色。
生态习性： 结群在果树及灌丛间活动。
留居类型： 冬候鸟

太平鸟 *Bombycilla garrulus*

分类地位： 雀形目 太平鸟科
形态特征： 体长20cm。额和头顶前部栗色，头顶后部
栗灰色，形成明显的羽冠；额基、眼先、眉
纹、颏、喉均黑色；背部包括肩羽和翼的内
侧飞羽灰褐沾棕；腰和尾上覆羽纯灰色，前
者较深，初级飞羽黑褐，飞羽外有黄白色端
斑，次级飞羽棕褐，羽干延伸突出于羽片外
2~3mm，而形成亮红色蜡滴状干斑，尾羽
浓灰褐色，至先端渐黑，羽端黄色。耳羽至
胸浅灰栗；腹灰，向后渐转黄白，尾下覆羽
浓栗。
生态习性： 常群栖于乔木树顶，以植物果实、种子为
食，也吃些昆虫。
留居类型： 冬候鸟

麻雀　*Passer montanus*

分类地位： 雀形目　雀科

形态特征： 体长14cm。顶冠及颈背褐色，两性同色。成鸟上体近褐，下体皮黄灰色，后颈具完整的灰白色领环。与家麻雀及山麻雀的区别在脸颊具明显黑色点斑且喉部黑色较少。幼鸟似成鸟但色较暗淡，嘴基黄色。虹膜深褐，嘴黑色，脚粉褐。

生态习性： 栖于有稀疏树木的地区、村庄及农田并危害农作物。在中国东部替代家麻雀作为城镇中的麻雀。

留居类型： 留鸟

白鹡鸰 *Motacilla alba*

分类地位： 雀形目　鹡鸰科
形态特征： 体长20cm。上体灰色，下体白，两翼及尾黑白相间。冬季头后、后颈及胸具黑色斑纹，但不如繁殖期扩展。虹膜褐色，嘴及脚黑色。
生态习性： 栖息于地上或岩石上，有时也栖于小灌木或树上，多在水边或水域附近的草地、农田、荒坡或路边活动，或是在地上慢步行走，或是跑动捕食。
留居类型： 夏候鸟

灰鹡鸰 *Motacilla cinerea*

分类地位： 雀形目　鹡鸰科
形态特征： 体长18cm。上体由头顶至腰部包括耳羽、肩羽等均灰色沾褐，尾上覆羽黄色；中央尾羽黑色，具黄绿色羽缘，最外侧尾羽白色，以内两对白色，其余部为黑褐色；颏、喉黑，具白羽缘，腹黄色，尾下覆羽更鲜黄。
生态习性： 生活于开阔田野、河流水库岸边。飞翔呈波浪式，栖止时尾不停地上下摆动。以昆虫为食。
留居类型： 夏候鸟

山鹡鸰 *Dendronanthus indicus*

分类地位： 雀形目　鹡鸰科
形态特征： 体长17cm。上体橄榄褐色；尾上覆羽烟黑，中央尾羽浓褐，外侧尾羽黑褐，最外侧两对尾羽大都白色；翼上小覆羽与背同色；中、大覆羽黑褐，先端黄白，形成两道明显的翼斑；下体白色，胸具两道黑色带斑，两带正中处还有黑斑相连；两胁橄榄褐。
生态习性： 常在山边林间和近山村庄附近乔木上活动，尾常左右摆动。鸣叫似担空铁桶的摩擦声——"嘎吱、嘎吱"的声音。主要以昆虫为食，有时也吃植物种子和嫩叶等。
留居类型： 夏候鸟

黄头鹡鸰 *Motacilla citreola*

分类地位： 雀形目　鹡鸰科
形态特征： 体长18cm。头及下体艳黄色。具两道白色翼斑。雌鸟头顶及脸颊灰色。与黄鹡鸰的区别在背灰色。亚成鸟暗淡白色取代成鸟的黄色。虹膜深褐色，嘴黑色，脚近黑色。
生态习性： 喜沼泽草甸、苔原带及柳树丛。
留居类型： 夏候鸟

黄鹡鸰 *Motacilla tschutschensis*

分类地位： 雀形目　鹡鸰科
形态特征： 体长18cm的带褐色或橄榄色的鹡鸰。似灰鹡鸰但背橄榄绿色或橄榄褐色而非灰色，尾较短，飞行时无白色翼纹或黄色腰。虹膜褐色，嘴褐色，脚褐至黑色。
生态习性： 喜稻田、沼泽边缘及草地。常结成甚大群，在牲口周围取食。
留居类型： 夏候鸟

亚成体

♀

♂

树鹨　*Anthus hodgsoni*

分类地位： 雀形目　鹡鸰科
形态特征： 体长15cm。上体自额到尾上覆羽包括内侧覆羽均为橄榄绿，头顶各羽具黑褐棕纹，向后渐不明显，尾上覆羽为纯橄榄绿色，两翼大都黑褐色，各羽缘为橄榄绿色，小、大覆羽具绿棕色羽端，中央尾羽暗褐，具宽的橄榄绿缘；外侧尾羽黑褐色，绿色较窄，最外一对尾羽内近基处呈褐色，其余白色。
生态习性： 生活于山林及附近草地，有时进入庭院，以昆虫为食，也吃植物种子。
留居类型： 夏候鸟

红喉鹨　*Anthus cervinus*

分类地位： 雀形目　鹡鸰科
形态特征： 体长15cm。与树鹨的区别在上体褐色较重，腰部多具纵纹并具黑色斑块，胸部较少粗黑色纵纹，喉部多粉红色。与北鹨的区别在腹部粉皮黄色而非白色，背及翼无白色横斑，且叫声不同。虹膜褐色；嘴角质色，基部黄色；脚肉色。
生态习性： 栖息于灌丛、草甸地带、开阔平原，常活动于林缘、林中草地、河滩、沼泽、草地、林间空地及居民点附近。
留居类型： 旅鸟

田鹨　*Anthus richardi*

分类地位： 雀形目　鹡鸰科
形态特征： 体长18cm。上体砂棕色，各羽中央贯以黑褐色斑纹，上背最显。尾羽黑褐，羽缘沾黄白色，最外侧一对大都白色，次一对具楔状白斑；两翼黑褐；中、大覆羽具棕白羽端，形成翅上两道斑，飞羽亦具淡棕色羽缘，在内侧飞羽较阔。颏、喉乳白；颈侧，胸和两胁浅棕；前两者均具黑褐条纹，下体余部乳白。后爪稍曲，远较后趾长。
生态习性： 栖息于开阔林中空地、低湿草地和农田等处，以昆虫为食。
留居类型： 夏候鸟

锡嘴雀 *Coccothraustes coccothraustes*

分类地位： 雀形目　燕雀科
形态特征： 体长17cm。嘴特大而尾较短，具粗显的白色宽肩斑。雄雌几乎同色。成鸟具狭窄的黑色眼罩；两翼闪辉蓝黑色（雌鸟灰色较重），初级飞羽上端非同寻常地弯而尖；尾暖褐色而略凹，尾端白色狭窄，外侧尾羽具黑色次端斑；两翼的黑白色图纹上下两面均清楚。幼鸟似成鸟，但色较深且下体具深色的小点斑及纵纹。虹膜褐色，嘴角质色至近黑，脚粉褐。
生态习性： 成对或结小群栖于林地、花园及果园，高可至海拔3000m。通常惧生而安静。
留居类型： 留鸟

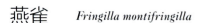

燕雀 *Fringilla montifringilla*

分类地位： 雀形目　燕雀科
形态特征： 体长16cm。胸棕而腰白。成年雄鸟头及颈背黑色，背近黑；腹部白，两翼及叉形的尾黑色，有醒目的白色肩斑和棕色的翼斑，且初级飞羽基部具白色点斑。非繁殖期的雄鸟与繁殖期雌鸟相似，但头部图纹明显为褐、灰及近黑色。虹膜褐色，嘴黄色，嘴尖黑色，脚粉褐。
生态习性： 喜跳跃和波状飞行。成对或小群活动。于地面或树上取食，似苍头燕雀。
留居类型： 夏候鸟

黑头蜡嘴雀 *Eophona personata*

分类地位： 雀形目 燕雀科
形态特征： 体长20cm。黄色的嘴硕大，雄雌同色。似雄性黑尾蜡嘴雀但嘴更大且全黄，臀近灰，三级飞羽的褐色及白色图纹有异。初级飞羽近端处具白色的小块斑，但三级飞羽、初级覆羽及初级飞羽的羽端无白色。飞行时这些差异均甚明显。幼鸟褐色较重，头部黑色减少至狭窄的眼罩，也具两道皮黄色翼斑。虹膜深褐，脚粉褐。
生态习性： 较其他蜡嘴雀更喜低地。通常结小群活动。甚惧生而安静。
留居类型： 夏候鸟

黑尾蜡嘴雀 *Eophona migratoria*

分类地位： 雀形目 燕雀科
形态特征： 体长17cm。黄色的嘴硕大而端黑。繁殖期雄鸟外形极似有黑色头罩的大型灰雀，体灰，两翼近黑。与黑头蜡嘴雀的区别在嘴端黑色，初级飞羽、三级飞羽及初级覆羽羽端白色，臀黄褐。雌鸟似雄鸟但头部黑色少，幼鸟似雌鸟但褐色较重。虹膜褐色、脚粉褐。
生态习性： 喜居林地及果园，从不见于密林。
留居类型： 夏候鸟

松雀　*Pinicola enucleator*

分类地位： 雀形目　燕雀科
形态特征： 体长22cm。嘴厚而带钩，两道明显白色翼斑与近黑的翼形成对比。成年雄鸟，深粉红色，具别致的脸部灰色图纹。成年雌鸟似雄鸟，但橄榄绿色取代粉红色。幼鸟全身灰暗，具皮黄色的翼斑。与白翅交嘴雀雄雌两性的图纹相似，但嘴呈钩状而非交叉，翼斑不如其显著，尾开叉较浅且色彩不显浓重。虹膜深褐，嘴灰色，下嘴基粉红，脚深褐。
生态习性： 甚不惧人。冬季成群取食浆果和种子。
留居类型： 冬候鸟

红腹灰雀 *Pyrrhula pyrrhula*

分类地位： 雀形目　燕雀科

形态特征： 体长14.5cm。嘴厚而略带钩，腰白，顶冠及眼罩辉黑。雄鸟上背灰色，臀白，下体基调灰色而具不同量的粉色，醒目的近白色翼斑与黑色的翼形成对比。雌鸟图纹似雄鸟，但暖褐色取代粉色。幼鸟似雌鸟，但无黑色的顶冠及眼罩，且翼斑皮黄。黑色的顶冠有别于其他灰雀。虹膜褐色，嘴黑色，脚黑褐。

生态习性： 喜林地、果园及花园。冬季通常结小群活动。

留居类型： 冬候鸟

长尾雀 *Carpodacus sibiricus*

分类地位： 雀形目　燕雀科
形态特征： 体长17cm。嘴甚粗厚。繁殖期雄鸟：脸、腰及胸粉红；额及后颈苍白，两翼多具白色；上背褐色而具近黑色且边缘粉红的纵纹。繁殖期外色彩较淡。雌鸟：具灰色纵纹，腰及胸棕色。与朱鸥的区别为嘴较粗厚，外侧尾羽白，眉纹浅淡霜白色，腰粉红。虹膜褐色，嘴浅黄，脚灰褐。
生态习性： 成鸟常单独或成对活动，幼鸟结群。取食似金翅雀。
留居类型： 留鸟

普通朱雀 *Carpodacus erythrinus*

分类地位： 雀形目　燕雀科
形态特征： 体长15cm。上体灰褐，腹白。繁殖期雄鸟头、胸、腰及翼斑多具鲜亮红色，雌鸟无粉红，上体清灰褐色，下体近白。幼鸟似雌鸟但褐色较重且有纵纹。雄鸟与其他朱雀的区别在红色鲜亮。无眉纹，腹白，脸颊及耳羽色深而有别于多数相似种类。雌鸟色暗淡。虹膜深褐，嘴灰色，脚近黑。
生态习性： 栖于亚高山林带但多在林间空地、灌丛及溪流旁。单独、成对或结小群活动。飞行呈波状。不如其他朱雀隐秘。
留居类型： 夏候鸟

北朱雀 *Carpodacus roseus*
国家二级保护野生动物

分类地位： 雀形目　燕雀科

形态特征： 体长16cm。尾略长。雄鸟：头、下背及下体绯红；头顶色浅，额及颏霜白；无对比性眉纹；上体及覆羽深褐，边缘粉白；胸绯红，腹部粉色，具两道浅色翼斑。雌鸟：色暗，上体具褐色纵纹，额及腰粉色，下体皮黄色而具纵纹，胸沾粉色，臀白。虹膜褐色，嘴近灰，脚褐色。

生态习性： 栖于针叶林，但越冬在雪松林及有灌丛覆盖的山坡。

留居类型： 冬候鸟

金翅雀　*Chloris sinica*

分类地位：　雀形目　燕雀科
形态特征：　体长13cm。具宽阔的黄色翼斑。成体雄鸟顶冠及后颈灰色，背纯褐色，翼斑、外侧尾羽基部及臀黄。雌鸟色暗，幼鸟色淡且多纵纹。与黑头金翅雀的区别为头无深色图纹，体羽褐色较暖，尾呈叉形。虹膜深褐，嘴偏粉，脚粉褐。
生态习性：　栖于灌丛、旷野、人工林、林园及林缘地带，高可至海拔2400m。
留居类型：　留鸟

白腰朱顶雀　*Acanthis flammea*

分类地位：　雀形目　燕雀科
形态特征：　体长14cm。头顶有红色点斑。繁殖期雄鸟似极北朱顶雀但褐色较重且多纵纹，胸部的粉红色上延至脸侧。腰浅灰而沾褐并具黑色纵纹，有别于极北朱顶雀的几乎全白。雌鸟似雄鸟但胸无粉红。非繁殖期雄鸟似雌鸟但胸具粉红色鳞斑，尾叉形。虹膜深褐色，嘴黄色，脚黑色。
生态习性：　快速的冲跃式飞行。结群而栖，多在地面取食，受惊时飞至高树顶部。
留居类型：　冬候鸟

红交嘴雀 *Loxia curvirostra*
国家二级保护野生动物

分类地位： 雀形目　燕雀科

形态特征： 体长16.5cm。与除白翅交嘴雀外的所有其他雀类的区别为上下嘴相侧交。繁殖期雄鸟的砖红色随亚种而有异，从橘黄至玫红及猩红，但一般比任何朱雀的红色多些黄色调。红色一般多杂斑，嘴较松雀的钩嘴更弯曲。雌鸟似雄鸟但为暗橄榄绿而非红色。幼鸟似雌鸟而具纵纹。雄雌两性的成鸟、幼鸟与白翅交嘴雀的区别在均无明显的白色翼斑，且三级飞羽无白色羽端。极个别红交嘴雀翼上略显白色翼斑，但绝不如白翅交嘴雀醒目而完整，头形也不如其拱出。虹膜深褐，嘴近黑，脚近黑。

生态习性： 冬季游荡且部分鸟结群迁徙。飞行迅速而带起伏。倒悬进食，用交嘴嗑开松子。

留居类型： 留鸟

白翅交嘴雀 *Loxia leucoptera*

分类地位： 雀形目　燕雀科

形态特征： 体长15cm。嘴相侧交，甚似红交嘴雀但体形较小而细，头较拱圆。与红交嘴雀的区别在具两道明显的白色翼斑且三级飞羽羽端白色。繁殖期雄鸟暗玫瑰绯红色，腰色较艳。雌鸟似雄鸟但体色暗橄榄黄且腰黄。幼鸟灰色具纵纹，但已具白色翼斑。虹膜深褐，嘴黑色，边缘偏粉，脚近黑。

生态习性： 栖居于温带森林，冬季结群迁徙，飞行迅速而带起伏，倒悬进食，用交嘴嗑开松子。

留居类型： 夏候鸟

黄雀 *Spinus spinus*

分类地位： 雀形目　燕雀科
形态特征： 体长11.5cm。特征为嘴短，翼上具醒目的黑色及黄色条纹。成体雄鸟的顶冠及颏黑色，头侧、腰及尾基部亮黄色。雌鸟色暗而多纵纹，顶冠和颏无黑色。幼鸟似雌鸟但褐色较重，翼斑多橘黄色。与所有其他小型且色彩相似的雀的区别在嘴形尖直。虹膜深褐，嘴偏粉色，脚近黑。
生态习性： 冬季结群做波状飞行。觅食似山雀，活泼好动。
留居类型： 夏候鸟

黄眉鹀 *Emberiza chrysophrys*

分类地位： 雀形目　鹀科

形态特征： 体长15cm。头具条纹。似白眉鹀但眉纹前半部黄色，下体更白而多纵纹，翼斑也更白，腰更显斑驳且尾色较重。黄眉鹀的黑色下颊纹比白眉鹀明显，并分散而融入胸部纵纹中。与冬季灰头鹀的区别在腰棕色，头部多条纹且反差明显。虹膜深褐，嘴粉色，嘴峰及下嘴端灰色，脚粉红。

生态习性： 通常见于林缘的次生灌丛。常与其他鹀混群。

留居类型： 旅鸟

黄喉鹀 *Emberiza elegans*

分类地位： 雀形目　鹀科
形态特征： 体长15cm。腹白，头部图纹为清楚的黑色及黄色，具短羽冠。雌鸟似雄鸟但色暗，褐色取代黑色，皮黄色取代黄色。与田鹀的区别在脸颊清褐色而无黑色边缘，且脸颊后无浅色块斑。虹膜深栗褐，嘴近黑，脚浅灰褐。
生态习性： 栖于丘陵及山脊的干燥落叶林及混交林。越冬在多荫林地、森林及次生灌丛。
留居类型： 夏候鸟

白头鹀 *Emberiza leucocephalos*

分类地位： 雀形目　鹀科
形态特征： 体长17cm。具独特的头部图纹和小型羽冠。雄鸟具白色的顶冠纹和紧贴其两侧的黑色侧冠纹，耳羽中间白而环边缘黑色，头余部及喉栗色而与白色的胸形带成对比。雌鸟色淡而不显眼，甚似黄鹀的雌鸟。区别在嘴具双色，体色较淡且略沾粉色而非黄色，髭下纹较白。虹膜深褐；嘴灰蓝，上嘴中线褐色；脚粉褐。
生态习性： 喜林缘、林间空地和火烧过或砍伐过的针叶林或混交林。越冬在农耕地、荒地及果园。
留居类型： 旅鸟

灰头鹀 *Emberiza spodocephala*

分类地位： 雀形目　鹀科
形态特征： 体长14cm。指名亚种繁殖期雄鸟的头、后颈及喉灰，眼先及颏黑；上体余部浓栗色而具明显的黑色纵纹；下体浅黄或近白；肩部具一白斑，尾色深而带白色边缘。雌鸟及冬季雄鸟头橄榄色，过眼纹及耳覆羽下的月牙形斑纹黄色。冬季雄鸟与硫黄鹀的区别在无黑色眼先。虹膜深栗褐；上嘴近黑并具浅色边缘，下嘴偏粉色且嘴端深色，脚粉褐。
生态习性： 不断地弹尾以显露外侧尾羽的白色羽缘。越冬于芦苇地、灌丛及林缘。
留居类型： 夏候鸟

♂

黄胸鹀 *Emberiza aureola*
国家一级保护野生动物

分类地位： 雀形目　鹀科

形态特征： 体长15cm。繁殖期雄鸟顶冠及后颈栗色，脸及喉黑，黄色的领环与黄色的胸腹部间隔有栗色胸带，翼角有显著的白色横纹。非繁殖期的雄鸟色彩淡许多，颏及喉黄色，仅耳羽黑而具杂斑。雌鸟及亚成鸟顶纹浅沙色，两侧有深色的侧冠纹，几乎无下颊纹，形长的眉纹浅淡皮黄色。虹膜深栗褐；上嘴灰色，下嘴粉褐；脚淡褐。

生态习性： 栖于大面积的稻田、芦苇地或高草丛及湿润的荆棘丛。冬季结成大群并常与其他种类混群。

留居类型： 夏候鸟

白眉鹀 *Emberiza tristrami*

分类地位： 雀形目　鹀科
形态特征： 体长15cm。头具显著条纹。成年雄鸟头部有黑白色图纹，喉黑，腰棕色而无纵纹。雌鸟及非繁殖期雄鸟色暗，头部对比较少，但图纹似繁殖期的雄鸟，仅颊色浅。较黄眉鹀而少黄色眉纹，较田鹀少红色的后颈。虹膜深栗褐；上嘴蓝灰，下嘴偏粉；脚浅褐。
生态习性： 多藏隐于山坡林下的浓密棘丛。常结成小群。
留居类型： 夏候鸟

三道眉草鹀 *Emberiza cioides*

分类地位： 雀形目　鹀科
形态特征： 体长16cm。具醒目的黑白色头部图纹和栗色的胸带，以及白色的眉纹、上髭纹并颏及喉。繁殖期雄鸟脸部有别致的褐色及黑白色图纹，胸栗，腰棕。雌鸟色较淡，眉线及下颊纹皮黄，胸浓皮黄色。虹膜深褐；嘴双色，上嘴色深，下嘴蓝灰而嘴端色深；脚粉褐。
生态习性： 栖居高山丘陵的开阔灌丛及林缘地带，冬季下至较低的平原地区。
留居类型： 留鸟

红颈苇鹀 *Emberiza yessoensis*

分类地位： 雀形目　鹀科

形态特征： 体长15cm。繁殖期雄鸟头黑，似芦鹀及苇鹀，但无白色的下髭纹，腰及后颈棕色。繁殖期雌鸟似雄鸟，头部图纹似雌芦鹀但区别为下体较少纵纹且色淡，后颈粉棕色，头顶及耳羽色较深。非繁殖期雄鸟似雌鸟但喉色深。虹膜深栗；嘴近黑；脚偏粉。

生态习性： 栖于芦苇地及有矮丛的沼泽地以及高地的湿润草甸。越冬在沿海沼泽地带。

留居类型： 夏候鸟

苇鹀　*Emberiza pallasi*

分类地位： 雀形目　鹀科

形态特征： 体长14cm。繁殖期雄鸟：白色的下髭纹与黑色的头及喉成对比，颈圈白而下体灰，上体具灰色及黑色的横斑。似芦鹀但略小，上体几乎无褐色或棕色，小覆羽蓝灰而非棕色和白色，翼斑多显。雌鸟及非繁殖期雄鸟及各阶段幼鸟的体羽均为浅沙皮黄色，且头顶、上背、胸及两胁具深色纵纹。耳羽不如芦鹀或红颈苇鹀色深，灰色的小覆羽有别于芦鹀，上嘴形直而非凸形，尾较长。虹膜深栗；嘴灰黑；脚粉褐。

生态习性： 常在地面或在树枝上觅食。其食物主要是芦苇种子、杂草种子、植物嫩芽等植物性食物，也有越冬昆虫、虫卵及少量谷物。

留居类型： 冬候鸟

栗耳鹀 *Emberiza fucata*

分类地位： 雀形目　鹀科
形态特征： 体长16cm。繁殖期雄鸟的栗色耳羽与灰色的顶冠及颈侧形成对比；颈部图纹独特，为黑色下颊纹下延至胸部与黑色纵纹形成的项纹相接，并与喉及其余部位的白色以及棕色胸带上的白色形成对比。雌鸟及非繁殖期雄鸟相似，但色彩较淡而少特征，似第一冬的圃鹀但区别在耳羽及腰多棕色，尾侧多白。虹膜深褐，上嘴黑色具灰色边缘，下嘴蓝灰且基部粉红；脚粉红。
生态习性： 具本属的典型特性。冬季成群。
留居类型： 夏候鸟

栗鹀 *Emberiza rutila*

分类地位： 雀形目　鹀科
形态特征： 体长15cm。繁殖期雄鸟头、上体及胸栗色而腹部黄色。非繁殖期雄鸟色较暗，头及胸散洒黄色。雌鸟甚少特色，顶冠、上背、胸及两胁具深色纵纹。与雌性黄胸鹀及灰头鹀的区别为腰棕色，且无白色翼斑或尾部白色边缘。幼鸟纵纹更为浓密。虹膜深栗褐；嘴偏褐色或角质蓝色；脚淡褐。
生态习性： 喜有低矮灌丛的开阔针叶林、混交林及落叶林，高可至海拔2500m。冬季可见于林边及农耕区。
留居类型： 旅鸟

田鹀　*Emberiza rustica*

分类地位： 雀形目　鹀科
形态特征： 体长14.5cm。腹部白色。成年雄鸟清爽明晰，头具黑白色条纹，后颈、胸带、两胁纵纹及腰棕色，略具羽冠。雌鸟及非繁殖期雄鸟相似但白色部位色暗，黄色的脸颊后方通常具一近白色点斑。虹膜深栗褐；嘴深灰，基部粉灰；脚偏粉色。
生态习性： 栖于泰加林、石楠丛及沼泽地带，越冬于开阔地带、人工林地及公园。
留居类型： 旅鸟

小鹀　*Emberiza pusilla*

分类地位： 雀形目　鹀科
形态特征： 体长13cm。头具条纹，雄雌同色。繁殖期成鸟体小而头具黑色和栗色条纹，眼圈色浅。冬季雄雌两性耳羽及顶冠纹暗栗色，颊纹及耳羽边缘灰黑，眉纹及第二道下颊纹暗皮黄褐色。上体褐色而带深色纵纹，下体偏白，胸及两胁有黑色纵纹。虹膜深红褐，嘴灰色；脚红褐。
生态习性： 常与鹀类混群。藏隐于浓密芦苇地。
留居类型： 旅鸟

芦鹀 *Emberiza schoeniclus*

分类地位： 雀形目 鹀科

形态特征： 体长15cm。具显著的白色下髭纹。繁殖期雄鸟似苇鹀，但上体多棕色。雌鸟及非繁殖期雄鸟头部的黑色多褪去，头顶及耳羽具杂斑，眉线皮黄。与苇鹀的区别还在于小覆羽棕色而非灰色，且上嘴圆凸形。诸多亚种有细微的差异。

生态习性： 栖于高芦苇地，但冬季也在林地、田野及开阔原野取食。

留居类型： 夏候鸟

哺乳纲 Mammalia

最早的哺乳动物由爬行动物中的兽孔目演化而来，化石证据表明哺乳类最早出现在1.25亿年前。进入新生代后哺乳动物取代恐龙占据生态位优势，演化出今天多样化的哺乳动物种群。哺乳动物是被毛、胎生、哺乳的高级脊椎动物，具有高度发达的神经系统和感觉器官。体温恒定，更适应气温等环境变化。除原始类群外均胎生，通过乳腺分泌乳汁来喂养幼崽。

马鹿　*Cervus elaphus*
国家二级保护野生动物

分类地位： 鲸偶蹄目　鹿科

形态特征： 成年雄性体重约200kg，雌性约150kg。身体呈深褐色，背部及两侧有一些白色斑点。雄性有角，一般分为6叉，最多8个叉，茸角的第二叉紧靠于眉叉。夏毛较短，没有绒毛，一般为赤褐色，背部较深，腹面较浅。

生态习性： 大型鹿科动物，体形仅次于驼鹿，也是东北虎较为偏好的猎物。喜欢开阔的林地。可以在针叶林、沼泽、空地、白杨阔叶林和针叶阔叶林中生活。有垂直迁移的习性。夏季以草、莎草和杂草为食，冬季以木本植物枝叶为食。

梅花鹿 *Cervus nippon*
国家一级保护野生动物

分类地位： 鲸偶蹄目　鹿科

形态特征： 毛色夏季栗红色，有许多白斑，状似梅花；冬季烟褐色，白斑不显著，有绒毛，毛厚密；颈部有鬣毛；雄性第二年起生角，角每年增加一叉，5岁后共分四叉而止；眶下腺明显，耳大直立，颈细长；四肢细长，后肢外侧踝关节下有褐色跖腺，主蹄狭小，侧蹄小；臀部有明显的白色臀斑，尾短；鼻面及颊部毛短，毛尖沙黄色。

生态习性： 晨昏活动较多，行动敏捷。以青草、树叶、嫩芽、树皮、苔藓等为食。野生梅花鹿在我国一度处于极度濒危的状态，近年来保护地内种群迅速恢复，也是虎豹公园内种群增长速度最快的有蹄类动物，局部区域已成为优势种。是东北虎、东北豹的主要猎物之一。

狍

Capreolus pygargus

分类地位： 鲸偶蹄目　鹿科

形态特征： 狍身呈草黄色，尾根下有白毛，具明显的白色臀斑。雄狍有角，角小分三叉，雌无角。狍体长约1m余，尾很短。冬毛长棕褐色；夏毛短栗红色。

生态习性： 栖于混交林及大森林边缘的疏林中，在山区灌丛、河谷或平原上亦常见到，有时跑到村庄附近。性好奇，遇突发情况常呆立不动。为东北豹主要猎物，一些亚成体虎也将狍作为主要猎物之一。

獐　*Hydropotes inermis*
国家二级保护野生动物

分类地位： 鲸偶蹄目　鹿科

形态特征： 体长90~100cm，肩高55cm，体重15~20kg。雌雄均无角，雄性上犬齿发达。尾短，被毛短，四肢较长。冬毛粗而厚，草黄色，夏毛稀而较短，光泽润滑。腹毛略呈淡黄色，全身无斑纹。

生态习性： 性喜水，能游泳，故又称河麂。栖于多芦苇的河岸和湖边，有时亦出没于山边及耕地。

长尾斑羚　*Naemorhedus caudatus*
国家二级保护野生动物

分类地位： 鲸偶蹄目　牛科

形态特征： 体长100~120cm，体重32~42kg。身体呈灰色，具有一浅色喉斑，背毛主要是灰褐色而无黑色覆盖，体形较鬣羚小很多，而且体色较浅，无鬣，虽然它也有一条不明显的深色背纹。四肢比身体色浅。尾有丛毛，前肢外侧的黑色条纹到达腕以下。向后弯的角基部有环纹。

生态习性： 东北地区唯一的牛科野生动物，已近20年未有影像记录，近年来虎豹公园东部偶有记录。栖息生境多样，常见于山地针叶林、针阔混交林和阔叶林。

原麝　*Moschus moschiferus*
国家一级保护野生动物

分类地位： 鲸偶蹄目　麝科

形态特征： 体色为深棕色，背部、腹部及臀部有肉桂色斑点；颈部两侧至腋部有两条明显的白色或浅棕色纵纹。四肢细，后肢长，站立时臀高于肩；蹄子窄而尖，悬蹄发达，适于疾跑和跳。无眼下腺和额腺；毛粗而髓腔大，毛被厚密，易脱落；雌雄均无角。雄性有一对上犬齿，露出唇外；雌性上颌犬齿小，不露出唇外。

生态习性： 生活在多岩有林生境，以多种灌木嫩叶和双子叶植物为食，也取食地衣和苔藓。性孤僻，多单独活动，活动区域固定，有固定的排粪地点。雄性下腹部有脐腺，分泌麝香，发情期雄麝以分泌物在树干、树桩，甚至直立的硬草梗上重复做气味标记。

野猪　*Sus scrofa*

分类地位： 鲸偶蹄目　猪科

形态特征： 体形粗壮，头部较大，四肢短粗。毛色呈深褐色或黑色，年老的背上会长白毛。幼猪的毛色为浅棕色，有黑色条纹。背上有长而硬的鬃毛。毛粗而稀，冬天的毛会长得较密。

生态习性： 适应能力极强，是分布最广泛、种群数量最多的大型哺乳动物。多夜间活动，除大型成年雄猪外，一般结群活动。食性杂，食谱极为广泛，树枝、草根、菌类、浆果、小型动物、腐肉、农作物均可取食。因脂肪含量高，是东北虎最偏好的猎物。

东北兔 *Lepus mandshuricus*

分类地位： 兔形目　兔科

形态特征： 体形中等，后肢较短，尾也短，冬毛背部一般为浅棕黑色，胸腹部的中央为纯白色，但有浅灰色的毛基。

生态习性： 主要以树皮、嫩枝和木本植物、草本植物为食，一般栖息于海拔高度300—900m的针叶阔叶混交林中。平时无固定的巢穴，仅在产崽时才有固定的住所，产崽时在凹地、灌丛、杂草丛中，倒木下面做巢穴。主要天敌有豹、狼、狐、貂、猞猁、豹猫、鸮、鹰、隼等动物。

东北刺猬 *Erinaceus amurensis*

分类地位： 劳亚食虫目　猬科

形态特征： 体形较大，身体背部及身体侧边被以粗而硬的棘刺，头顶上的棘刺或多或少分为两簇，使得头顶中间形成一个狭小的裸露区域。头宽，吻部尖，眼睛小，耳朵稍长但不会超过棘刺的长度，四肢短但是矫健。

生态习性： 广泛分布于灌丛、草丛、荒地、森林等多种环境中。昼伏夜出，常出没于农田、瓜地、果园等处。在灌木丛、树根、石隙等处穴居。

大缺齿鼹　*Mogera robusta*

分类地位： 劳亚食虫目　鼹科

形态特征： 尾细、眼小，耳壳退化，耳孔隐于毛被之下。颈粗短。前肢粗壮，指掌扁阔，具扁宽的强爪，掌心外翻。后肢较细弱。尾比后足略长。被毛细而密，柔软带光泽。体背棕褐色，毛基深灰色。喉部黄色。腹毛短，棕灰色，腹中央杂有深棕黄色毛。

生态习性： 适应穴居生活，视力退化，多在土壤疏松、潮湿、多昆虫处出没。昼夜均活动，晨昏频繁。穴道接近地表，常交织成网，其地表被隆起为松散的带状。

大麝鼩　*Crocidura lasiura*

分类地位： 劳亚食虫目　鼩鼱科

形态特征： 体长71~107mm。头尖，吻长且突出于口前，耳壳突出于毛被之外。尾短而粗，不及体长之半，有稀疏的长毛。前后肢较壮，5趾趾端具尖爪，后趾长于前趾。

生态习性： 栖居在森林草甸、荒草地、灌木林中，偶见于农家室内。夜间活动为主，以昆虫及其幼虫为食。

中鼩鼱　*Sorex caecutiens*

分类地位： 劳亚食虫目　鼩鼱科

形态特征： 体形纤小，肢短，状如鼠而吻尖长。体长50~65mm，体重约8g。尾长超过体长之半。头小，吻尖。四肢纤细，5趾具长而尖的爪。背毛棕褐色，腹毛棕白色，尾上面毛棕褐色，尾下面毛棕黄色。

生态习性： 多见于山地森林、灌丛以及森林草原。

小飞鼠 *Pteromys volans*

分类地位： 啮齿目 松鼠科

形态特征： 体长小于200mm。吻较钝。眼大，耳正常，四肢粗短。前足掌裸露。夏毛背部褐灰色，毛基灰黑色，毛尖端棕灰色；在背毛中杂有基部黑色、上段灰色、尖端黑色的针毛，使整个背部呈现灰黑色波纹。飞膜与体背色基本一致。腹面为灰色，针毛毛基淡灰色，尖端白色。眼眶周围具黑棕色眼圈。耳被淡棕色短毛。四足背部棕色，足跖被以淡棕黄色毛。尾背、腹中央有1条深褐色略染灰色的条纹，两侧橙黄色。冬毛较夏毛浅，呈淡黄或黄灰色。

生态习性： 栖息于温带、寒温带针叶林或针阔混交林。无冬眠习性。夜行性，多于黄昏后活动。四肢间有皮翼，可从高处滑翔。

北松鼠 *Sciurus vulgaris*

分类地位： 啮齿目 松鼠科

形态特征： 尾长而蓬松，大约是体长的三分之二。耳端部簇毛显著。个体毛色在不同季节差异较大，毛色较深，背部一般以黑、黑褐色或红棕色为主，从喉、颈、胸、腹部至鼠蹊和四肢内侧均为纯白色。冬季毛软而绒，夏季毛短而粗。

生态习性： 主要生活于温带及亚寒带针叶林或针阔混交林中，在大树上筑巢，善于跳跃。主要以松树等树木的种子为食，也吃蘑菇、嫩芽、野果及昆虫等，是北方林区的常见类群。

花鼠 *Tamias sibiricus*

分类地位： 啮齿目 松鼠科

形态特征： 全身呈棕灰黄色，背部有五条显明的黑色纵纹。自吻部至耳基有棕褐色短纹。有颊囊。耳郭短小，黑褐色，边缘为白色。一般夏毛较冬毛深，色呈橙黄。前足掌裸，后足跖被毛。尾长几乎等于体长，尾毛短，端毛较长。

生态习性： 生境较广泛，平原、丘陵、山地的针叶林、阔叶林、针阔混交林以及灌木丛较密的地区都有。一般栖息于林区及林缘灌丛和多低山丘陵的农区，多在树木和灌丛的根际挖洞，或利用梯田埂和天然石缝间穴居。

东北鼢鼠 *Myospalax psilurus*

分类地位：　啮齿目　鼹型鼠科

形态特征：　体形圆粗，颈、胸、腰无明显区别。头吻宽扁，利于掘推土壤。耳小隐于被毛之下，眼小正常，尾细短。前脚掌宽大，前指爪长明显大于指长，爪呈镰刀状，适于打洞和在洞穴内行走。吻部上端额部中央有一白色斑块；背毛色一致；体侧毛与背毛相似；腹毛灰色；后足和尾几乎无色裸露，仅细毛覆盖。

生态习性：　常年栖居于地下，听觉灵敏。地下洞道长达数十米，面积可达100多平方米，每隔一段即将洞内挖出的余土堆成许多小土丘。

狭颅田鼠 *Lasiopodomys gregalis*

分类地位： 啮齿目 仓鼠科

形态特征： 头骨狭长，棱角鲜明，颅全长约为颧宽的两倍。鼻骨前宽后窄。眶间窄长，中央有一条明显纵列的眶间嵴。是中国田鼠属中尾长较短的种类之一。后足长与一般田鼠属的种类没有太大的差异，但后趾后半部具有浓密的毛，与毛脚田鼠亚属的种类十分相似。耳朵短，仅稍露出毛外。

生态习性： 栖息地类型广泛，高山草原（海拔3000m以上）、森林草原、草原、荒漠化草原及农田均有分布。群居，善挖洞，洞穴复杂。晨昏活动为主，不冬眠。

东方田鼠 *Alexandromys fortis*

分类地位： 啮齿目　仓鼠科　东方田鼠属
形态特征： 体重平均为56.29g，体长平均为130mm。尾巴也较长。头骨坚实粗大，背部呈穹形隆起。吻部较短，鼻骨不达前颌骨后缘。背毛呈褐色，体侧毛色略淡。腹面一般灰白色，有的淡黄褐色或灰褐色。
生态习性： 东方田鼠是典型的穴居类型，不冬眠，昼夜都出洞活动，取食植物，也吃昆虫和小型鼠类，栖息于沼泽、草甸、农田。

莫氏田鼠 *Alexandromys maximowiczii*

分类地位： 啮齿目　仓鼠科
形态特征： 头顶及背部黑褐色，身体两侧黑色较浅，褐色较浓。腹部毛呈乳白色，与体侧的颜色有明显的分界，毛基深灰色，毛尖白色。前后足背部颜色与背部色泽一致，腹面较黑；尾背部黑色，腹面灰白色。
生态分布： 主要栖息在湿生草原和沼泽草原，在林区的谷地、采伐迹地上偶有发现，其他如稀树草原、草原中的灌木丛、临近沼泽草原的住房等处亦有所见。

大仓鼠 *Tscherskia triton*

分类地位： 啮齿目　仓鼠科

形态特征： 头较宽大，颊囊发达；头骨粗壮坚实，轮廓狭长，额顶部平直，顶间骨大而呈三角形；耳短而圆；眼较小；四肢短粗；尾长接近体长之半，尾较粗，尾基较膨大，无鳞环。背部呈深灰色或灰褐色，体侧较淡；腹面与前后肢的内侧均为白色或带黄色；尾毛上下均呈灰褐色，尾尖白色。

生态习性： 大仓鼠喜居在干旱地区。如土壤疏松的耕地，离水较远和高于水源的农田、菜园、山坡、荒地等处，也有少数栖居在住宅和仓房内。

麝鼠 *Ondatra zibethicus*

分类地位： 啮齿目　仓鼠科

形态特征： 身体粗硕。头短而粗，嘴钝圆。颈不明显，外观头似乎直接连接到躯干上。耳短，耳孔有耳屏遮盖，由于耳周围的毛长，耳朵几乎完全隐藏在毛中。头骨棱角鲜明，眶间极度收缩，两侧眶间嵴愈合，形成一个十分尖锐的中嵴。背毛棕褐或棕黄色，在阳光照射下，有金色的光泽。

生态习性： 原产地北美，作为皮毛兽引入。善游泳，水中活动自如，潜水能力很强。多数在将近黎明及黄昏和夜间活动。雄性的麝鼠用一种强烈的麝鼠分泌物来表示身份以划分地盘。

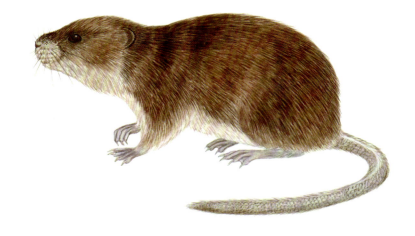

棕背䶄 *Craseomys rufocanus*

分类地位： 啮齿目 仓鼠科

形态特征： 体形较粗胖，耳较大，且大部分隐于毛中。四肢短小，背部红棕色，体侧灰黄色，腹毛污白色。

生态习性： 栖息于针阔混交林、阔叶疏林、杨桦林、落叶松林、栎林、沿河林、台地森林及坡地林缘等生境中。夜间活动频繁，白天也偶有所见，不冬眠，居住在林内的枯枝落叶层中。

红背䶄 *Myodes rutilus*

分类地位： 啮齿目 仓鼠科

形态特征： 体形中等，耳较小，前后肢短小，尾毛密，背毛为鲜艳的赭褐色或棕红色，腹毛灰白色。有的个体略显黄色的色泽。

生态习性： 为典型林栖鼠种，栖息于云杉林、混交林、沿河林、台地森林、坡地林缘及森林草原中，在杨桦林与阔叶疏林的迹地上也有栖息，甚至榛丛、柳丛及农田中也可见到它们。夜间活动频繁，偶有白昼活动的，但次数较少，不冬眠，常年活动。

大林姬鼠 *Apodemus peninsulae*

分类地位： 啮齿目　鼠科
形态特征： 体形细长，体重可达50g以上，形似黑线姬鼠，但背中央无黑色条纹。耳较大，向前拉可达眼部。
生态习性： 林区中的常见鼠类。栖息于林区、灌丛、林间空地及林缘地带的农田。

黑线姬鼠 *Apodemus agrarius*

分类地位： 啮齿目　鼠科
形态特征： 头细长狭小，吻部稍尖，耳短。背中央有一黑色条纹。尾较长，超过体长之半。背毛与体侧毛色相间，多为浅棕褐色；腹部毛白色；鼻部浅灰，面颊浅棕黄色；尾分上下两色，上面近棕黑色，下面灰白色。
生态习性： 栖息环境广泛，喜居于向阳、潮湿、近水源的地方。在林区生活于草甸、谷地，以及居民区的菜地和柴草垛里，还经常进入居民住宅内过冬。

褐家鼠 *Rattus norvegicus*

分类地位： 啮齿目　鼠科
形态特征： 体形粗壮而长大，成年鼠一般体长15~25cm，体重220~280g。鼻端圆钝，耳壳短而厚，生有短毛，向前折不能遮住眼部。尾长短于体长，尾上有鳞环，鳞环间有较短的刚毛。后足较粗大，后足趾间具一些雏形的蹼。
生态习性： 栖息场所广泛，为家、野两栖鼠种，以室内为主。群居，在族群里有明显等级制度。

巢鼠 *Micromys minutus*

分类地位： 啮齿目　鼠科
形态特征： 尾长超过体长，尾尖背部光裸无毛，耳较小两侧均生密毛，耳屏极大。头部至体背有部分棕褐色，毛尖黑色，毛基深灰色。口鼻部及两眼间为棕黄色。腹面污灰白色，毛尖白色。两颊、体侧和四肢外侧淡黄灰色。耳内外具棕黄色密毛。前足背部淡黄色，后足背棕黄褐色。
生态习性： 可在杂草丛及灌丛的植物茎秆上及树枝上用植物茎、叶筑巢，巢呈圆球形或卵圆形。栖息于海拔1000m以下平原地带中比较潮湿地段，典型生境为芦苇地、沙地、田园绿洲等。

小家鼠 *Mus musculus*

分类地位： 啮齿目 鼠科

形态特征： 体形小，尾长等于或短于体长。耳短，前折达不到眼部。头颅小，呈长椭圆形，吻短，眶上嵴低。鼻骨前端超出上门齿前缘，喉段略为前颌骨后端所超越。顶间骨宽大。

生态习性： 人类伴生种，栖息环境广泛。小家鼠生活习性比较灵活，既能与人类共生栖息，又能与人非共生栖息，这一特性使之能够适应和扩散到不同环境，成为遍布全球的鼠种之一。

虎 *Panthera tigris*
国家一级保护野生动物

分类地位： 食肉目　猫科

形态特征： 体色夏毛棕黄色，冬毛淡黄色。背部和体侧具有多条横列黑色窄条纹，通常两条靠近呈柳叶状。头大而圆，前额上的数条黑色横纹，中间常被串通，极似"王"字，故有"丛林之王"之美称。

生态习性： 历史上广泛分布于亚洲大陆，20世纪中叶起栖息地大幅萎缩，现仅印度、泰国、俄罗斯、孟加拉、尼泊尔、不丹、马来西亚、印尼、中国、老挝、缅甸有确定分布种群。共9个亚种，其中里海虎（新疆虎）、巴里虎、爪哇虎已灭绝。我国历史上曾分布5个亚种，东北虎、华南虎、孟加拉虎、印度支那虎和新疆虎，其中新疆虎已灭绝，现存4个亚种中仅东北虎确定有野生繁殖种群。东北虎喜好远离人类居住区、地势平缓、冬季积雪较浅的成熟的红松—阔叶混交林和蒙古栎林，主要以野猪、马鹿、梅花鹿等大型有蹄类动物为食，也捕食狍、獾、貉等一些小型猎物。

豹　*Panthera pardus*

国家一级保护野生动物

分类地位： 食肉目　猫科

形态特征： 头小而圆，耳短。躯体均匀，四肢中长，趾行性。犬齿及裂齿极发达，爪锋利，可伸缩。尾发达。皮毛柔软光滑，常具显著花纹，毛色较浅，春夏季节为金黄色，冬季为淡灰色。耳背黑色，耳尖黄色，基部黄色，具有稀疏的小黑点。

生态习性： 主要分布于非洲和亚洲南部，共9个亚种，其中东北豹是分布纬度最高的亚种，全球种群数量自开始评估以来长期低于50只，处于极度濒危状态，近年来种群数量有所恢复。东北豹栖息于寒温带的阔叶林和针阔混交林地区，主要以中小型有蹄类动物为食，也捕食东北兔、花尾榛鸡、雉鸡等小型猎物。

猞猁　*Lynx lynx*
国家二级保护野生动物

分类地位： 食肉目　猫科

形态特征： 四肢长而矫健；耳基宽，耳尖具黑色耸立簇毛；尾短而钝；两颊具颇长而下垂的鬓毛。冬毛长而密。背毛呈粉红棕色，背中部毛色较深。腹毛较淡，呈黄白色，其毛基灰棕。眼周毛色发白，两颊有2~3列明显的棕黑色纵纹。鬓毛为污白色，且杂有棕黑色长毛。体背散有棕褐色斑点，尤以腰、臀边缘多面清晰。四肢背部毛色与背部相同，腹部斑点较背部深。

生态习性： 栖居在寒冷的高山地带，是分布得最北的一种猫科动物。其栖息环境极富多样性，从亚寒带针叶林、寒温带针阔混交林至高寒草甸、高寒草原、高寒灌丛草原及高寒荒漠与半荒漠等各种环境均有其足迹。主要食物是兔科动物，也捕食啮齿类、鸟类以及有蹄类动物幼崽。

251

豹猫 *Prionailurus bengalensis*
国家二级保护野生动物

分类地位： 食肉目　猫科

形态特征： 体形和家猫相仿，但更加纤细，腿更长。南方种的毛色基调是淡褐色或浅黄色，而北方的毛基色显得更灰且周身有深色的斑点。体侧有斑点，但从不连成垂直的条纹。明显的白色条纹从鼻子一直延伸到两眼间，常常到头顶。耳大而尖，耳后黑色，带有白斑点。两条明显的黑色条纹从眼角内侧一直延伸到耳基部。内侧眼角到鼻部有一条白色条纹，鼻吻部白色。有环纹，至黑色尾尖。

生态习性： 从低海拔海岸带一直分布到海拔3000m高山林区。主要以鼠类、松鼠、飞鼠、兔类、蛙类、蜥蜴、蛇类、小型鸟类、昆虫等为食，有时潜入村寨盗食鸡、鸭等家禽。

貉 *Nyctereutes procyonoides*
国家二级保护野生动物

分类地位： 食肉目　犬科

形态特征： 体形短而肥壮，介于浣熊和狗之间，小于犬、狐。体色乌棕，吻部白色，脸部有一块黑色的"海盗似的面罩"，四肢短呈黑色，尾巴粗短。

生态习性： 在北方较高纬度生存的貉冬季有冬眠的习性，是犬科动物中唯一有冬眠习性的动物。喜居穴洞，但自己往往不挖掘而利用其他动物的弃洞为巢。食性杂，主要以各种小型啮齿类为食，亦常在溪边捕食鱼、蛙、蟹等，此外还吃植物性食物如果实、谷物、菜等。

赤狐　*Vulpes vulpes*
国家二级保护野生动物

分类地位： 食肉目　犬科

形态特征： 体形纤长。吻尖而长，鼻骨细长，额骨前部平缓，中间有一狭沟，耳较大，高而尖，直立。四肢较短，尾较长，略超过体长之半。尾形粗大，覆毛长而蓬松，躯体覆有长的针毛，冬毛具丰盛的底绒。耳背之上半部黑色，与头部毛色明显不同，尾梢白色。足掌长有浓密短毛，具尾腺，能释放奇特臭味。

生态习性： 栖息环境非常多样，森林、草原、荒漠、高山、丘陵、平原及村庄附近，甚至于城郊，皆可栖息。喜欢居住在土穴、树洞或岩石缝中，有时也占据兔、獾等动物的巢穴。

棕熊 *Ursus arctos*
国家二级保护野生动物

分类地位： 食肉目　熊科

形态特征： 体形健硕，肩背隆起，身后长有一条短尾。毛色多为棕褐色或棕黄色，老年呈银灰色，幼年为棕黑色。

生态习性： 有冬眠的习性，从10月底或11月初开始，一直到翌年3~4月。杂食性动物，植物性食物占60%以上。适应力强，从荒漠边缘至高山森林，甚至北极冰原地带都能顽强生活。主要栖息在山区的针叶林或针阔混交林等森林地带，随着季节的变化有垂直迁移的现象。

亚洲黑熊　*Ursus thibetanus*
国家二级保护野生动物

分类地位： 食肉目　熊科

形态特征： 毛色均为富有光泽的漆黑色，其中鼻部毛呈黑褐色、棕褐色，眉额处常有稀疏白毛。胸部由白色、淡黄色、赭色短毛形成"V"字形或"U"字形，形如新月，也被称为"月熊"。

生态习性： 典型的林栖动物，北方的黑熊有冬眠习性，并在大的树洞、岩洞、地洞、圆木或石下、河堤边、暗沟和浅洼地建立巢穴。标准的杂食性动物，以植物性食物为主。

黄喉貂 *Martes flavigula*
国家二级保护野生动物

分类地位： 食肉目　鼬科

形态特征： 吻尖耳大，四肢短，爪发达，尾圆柱状。冬季毛被色泽鲜艳，吻端至颈背部黑褐色，下颏白色并向后延伸至耳下，喉部白色或淡黄色。体背部橙黄色或黄褐色，在体中部逐渐过渡为黑褐色；胸部橙黄色或黄褐色；腹部淡黄褐色或浅黄白色；头部、后肢及尾黑褐色。

生态习性： 栖息于海拔3000m以下，常活动于阔叶林和针阔叶混交林，大面积的丘陵或山地森林中。典型的食肉兽，从昆虫到鱼类及小型鸟兽都在它的捕食之列，还可合群捕杀大型兽类。

黄鼬　*Mustela sibirica*

分类地位： 食肉目　鼬科

形态特征： 体形细长，四肢短。颈长、头小，尾毛蓬松。背部毛棕褐色或棕黄色，吻端和颜面部深褐色。鼻端周围、口角和额部对白色，杂有棕黄色。身体腹面颜色略淡。夏毛颜色较深；冬毛颜色浅淡且带光泽。尾部、四肢与背部同色。

生态习性： 栖息于沼泽、村庄、城市和山区等地带，见于山地、平原、林缘、河谷、灌丛、草丘多种生境。食性很杂，主要以小型哺乳动物为食，也取食两栖动物、鱼类、鸟卵、昆虫和腐肉，并且在季节性供应时以松子为食。

欧亚水獭 *Lutra lutra*
国家二级保护野生动物

分类地位： 食肉目 鼬科

形态特征： 躯体长，呈扁圆形。头部扁而略宽，吻短，眼睛稍突而圆。耳朵小，外缘圆形，着生位置较低。四肢短而圆，趾间具蹼。下颏中央有数根短的硬须，前肢腕垫后面长有数根短的刚毛。鼻孔和耳道生有小圆瓣，潜水时能关闭，防水入侵。全身毛短而密，具丝绢光泽。体背和尾部棕黑或咖啡色，腹面毛长，呈浅棕色。

生态习性： 半水栖兽类，主要生活于河流和湖泊的岸边，甚至稻田内亦可见。食物主要是鱼类，常将捉到的鱼托出水面而食，也捕捉小鸟、小兽、螃蟹、鼠类、青蛙、虾、蟹及甲壳类动物，有时还吃一部分植物性食物。

白鼬 *Mustela erminea*

分类地位： 食肉目　鼬科

形态特征： 身体细长，四肢短小。毛色随季节变化而改变。夏季身体背部和腹面颜色不同，背部为棕灰色，腹面为白色；冬季全身为纯白色，只有尾端为黑色。

生态习性： 适应力很强，草原草甸、沼泽地、河谷地、森林以及半荒漠的沙丘及耕作地均有分布。栖息于山地、森林等地带。主要以鼠、鸟、两栖动物、爬行动物、鱼和昆虫等为食，也吃植物浆果等。冬天出外觅食时，尾巴拖在雪地上，故又名"扫雪鼬"。

伶鼬 *Mustela nivalis*

分类地位： 食肉目　鼬科

形态特征： 躯体细长且四肢短，耳亦小，尾长远短于体长之半，足具5趾。夏季背、腹间毛色的分界线明显而整齐，腹面从喉、颈侧到腹部为白色。冬季被毛全白色，少数个体尾端混生褐色毛，足背杂生白毛。

生态习性： 栖息于针阔叶混交林、亚高山或干旱山地针叶林、林缘灌丛，亦常见于草原地带。主要以小型啮齿类为食，能进入个体最小的小鼠活动区接近猎物，同时亦兼食小鸟、蛙类及昆虫等。

香鼬 *Mustela altaica*

分类地位： 食肉目　鼬科

形态特征： 身体细长，四肢短。雄体比雌体大。冬毛身体背面由头面至尾部为棕黄色，腹面为淡黄色，其间分界明显；从吻部、颊部、额部向后沿背中央稍带淡棕褐色，以吻、额之色较为浓；上唇、下颏均为白色；嘴角有一淡褐色斑，四肢外侧与背色相同，内侧与腹部颜色相似；足部有时杂有白色毛。夏毛颜色较深，背部几近于棕褐色。

生态习性： 栖息在森林、森林草原、高山灌丛及草甸，同时亦见于3000m的高山荒漠地带、河谷地区，但以草原地区更为常见。多单独活动，白天或夜间均活动，以晨昏时分更为活跃。

亚洲狗獾 *Meles leucurus*

分类地位： 食肉目　鼬科

形态特征： 结实硕健，呈楔形。背部呈棕灰色，两侧被毛颜色比脊背的浅，腹部被毛短而细。尾毛粗长。面部有醒目的3条白色带棕色色调的纵纹，中间一条从吻到额，3条白色纵纹间有两条黑褐色条纹向上弯曲延伸。耳背黑棕色，耳缘白色。颈部粗、短。四肢短粗，尾短为棒状。

生态习性： 广泛分布于欧亚大陆。栖息于森林中或山坡灌丛、田野、坟地、沙丘草丛及湖泊、河溪旁边等各种环境中。杂食性，以植物的根、茎、果实和蛙、蚯蚓、小鱼、沙蜥、昆虫（幼虫及蛹）以及小型哺乳类等为食，在草原地带喜食狼吃剩的食物。

紫貂 *Martes zibellina*
国家一级保护野生动物

分类地位： 食肉目 鼬科

形态特征： 四肢短健，但躯体细长。后肢比前肢稍长，前后肢均具5趾，具肉垫。弯曲的利爪有半伸缩性。眼睛大而有神；耳壳大且直立，略呈三角形，尾巴粗大而尾毛蓬松；鼻部中央有明显纵沟，通体毛色基本一致，为黑褐色或黄褐色，稍掺有白色针毛。头部具不明显或不规则的黄白色喉斑。

生态习性： 主要生活在海拔800—1600m的气候寒冷的针叶林与针阔叶混交林地带。食物以小型鸟兽为主，亦采食昆虫及松子、浆果等植物性食物。

白腹管鼻蝠　*Murina leucogaster*

分类地位： 翼手目　蝙蝠科
形态特征： 体形较小，前臂长40余毫米，双翼展开250毫米左右。雄性略小于雌性，体为灰棕色，腹部色浅，吻鼻部、面颊和下颌为暗褐色。
生态习性： 栖息于自然的山洞、森林或废弃的建筑物中。

东方蝙蝠 *Vespertilio sinensis*

分类地位： 翼手目　蝙蝠科

形态特征： 耳短而宽略呈三角形，前缘与口裂几乎垂直，上缘向后先平再向后斜。耳孔前方具一耳屏，耳屏短而尖端圆钝。尾较发达，向后一直延伸到股间膜的后缘。通体毛基均黑褐色，躯体背部毛尖灰白色，故使背部毛呈灰棕色。

生态习性： 栖居于开阔的草原或山麓河谷，多选择各类建筑物为隐蔽所。晨昏活跃，主要在旷野、树冠间觅食双翅目昆虫。

阿拉善伏翼　*Hypsugo alaschanicus*

分类地位： 翼手目　蝙蝠科

形态特征： 耳壳略呈三角形，基部较宽，端部较尖。耳屏短小，其高不及耳高之半。第三掌指最长。翼膜终止于趾基部。距较长，距缘膜发达。阴茎骨发达呈倒L形。体背毛长呈褐色；毛基黑色。胸部毛稍短，色亦较浅，毛基黑色；腹部及股间膜上具白色短毛。

生态习性： 栖息生境多样，主要栖息于岩洞中。在一些分布区喜欢利用人类建筑，成为伴人种。

远东鼠耳蝠　*Myotis bombinus*

分类地位： 翼手目　蝙蝠科

形态特征： 耳长且端部较狭窄，向前折可达或接近吻端。耳屏长而直，约为耳长之半。翼膜止于趾基。尾长不及体长。背部毛褐色，毛尖灰褐色；腹部毛暗灰色。

生态习性： 栖息于天然洞穴、废弃的矿井、未使用的隧道中，有时栖息在建筑物和桥梁下表面，很少栖息在树洞中。多以小群或单独居住在洞穴内。主要以鞘翅目昆虫为食。

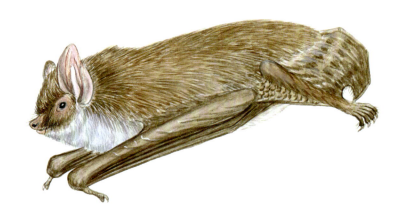

马铁菊头蝠　*Rhinolophus ferrumequinum*

分类地位： 翼手目　菊头蝠科
形态特征： 体形较大。耳大而略宽阔，耳端部削尖，不具耳屏。全身被有细密柔软的毛，背毛淡棕褐色，腹毛为灰棕色。
生态习性： 群栖性，昼伏夜出。冬眠，以鞘翅目和鳞翅目等昆虫为食。栖息于天然溶洞、高层建筑或庙宇的缝隙中。

后记

    建设东北虎豹国家公园是"国之大者"。我作为保护吉林省野生动物的一员，为吉林省生态环境保护取得的巨大成就感到骄傲和自豪。在公园试点建设之初，我就着手准备，用描写更形象、表达更直接的图鉴形式宣传推介国家公园建设和东北虎豹保护成果。经过五年努力，我收集到了公园内 4 个纲 30 个目 83 个科 352 种陆生野生动物，经反复甄别筛选，最终形成了《东北虎豹国家公园陆生野生动物图鉴》。在编辑过程中，我始终将追求真实、科学作为第一标准，每一幅图片都力求将东北虎豹（也包括其他动物）的自然形态和神韵呈现给大家，让欣赏者能够近距离、全方位、深层次感受东北虎豹的威猛，感受生物多样性的自然和谐之美。

    翻开这本书，希望能够带您进入观赏的境界。这种由观赏带来的视觉冲击，或许会让您跟我思想共鸣，并产生无限遐想：公园内毫无负重感地承载着人的生活和生命万物，栖息地天然契合，生态链平衡完好，东北虎豹繁育成稳定的野生种群，人们在自觉地维护森林生态中，获得了绿水青山赏赐的金山银山。倘能如此，我在编印这部《东北虎豹国家公园陆生野生动物图鉴》过程中所付出的艰辛和努力，将有幸化为推动野生动物保护事业的一份绵薄之力。

    人与自然和谐共生是我们的美好向往。届时，万物各得其和以生，各得其养以成。人和每一种动物都各安其位。这也许很遥远，但其实就在当下。今天的每一步，都仿佛是一个约定，约好共同走出一个明天。为了这个共同的明天，让我们期待，让我们行动，以敬畏之心尊重自然、顺应自然、保护自然，保护生物多样性，共同守护我们的地球家园。

    最后，我要感谢东北虎豹国家公园、吉林科学技术出版社的领导和同志们给予的支持和帮助，是你们让我有了坚持做好的信心和决心；感谢王海涛、姜广顺、赵文阁、朴正吉、周树林、张鹏六位专家的指导，使这部书更加准确和科学；特别感谢为本书作序的魏辅文院士，您在百忙之中不吝笔墨对这部书做出的高度褒扬和充分肯定，既是对我的鼓励，也是对我的鞭策。我将始终秉持对事业的执着和热爱，坚守初心、牢记使命，努力在平凡的岗位上为保护野生动物事业贡献力量。

赵　俊

2023.7

图书在版编目（CIP）数据

东北虎豹国家公园陆生野生动物图鉴/赵俊主
编. -- 长春: 吉林科学技术出版社，2024.3
  ISBN 978-7-5744-0723-7

  I. ①东⋯ Ⅱ. ①赵⋯ Ⅲ. ①国家公园－陆栖－野生
动物－东北地区－图集 Ⅳ. ①Q958.523-64

  中国版本图书馆CIP数据核字(2023)第130442号

东北虎豹国家公园陆生野生动物图鉴
DONGBEI HU-BAO GUOJIA GONGYUAN LUSHENG YESHENG DONGWU TUJIAN

主　　编	赵　俊
出 版 人	宛　霞
选题策划	端金香
责任编辑	汤　洁　李思言
封面设计	长春市一行平面设计有限公司
制　　版	长春市一行平面设计有限公司
幅面尺寸	210 mm×280 mm
开　　本	16
印　　张	17
字　　数	100千字
印　　数	1-3 000册
版　　次	2024年3月第1版
印　　次	2024年3月第1次印刷

出　　版	吉林科学技术出版社
发　　行	吉林科学技术出版社
地　　址	长春市福祉大路5788号出版大厦A座
邮　　编	130118
发行部电话/传真	0431-81629529　81629530　81629531
	81629532　81629533　81629534
储运部电话	0431-86059116
编辑部电话	0431-81629517
印　　刷	吉林省吉广国际广告股份有限公司

书　　号	ISBN 978-7-5744-0723-7
定　　价	398.00元